鯨類海産哺乳類学
［第三版］

加藤 秀弘・中村 玄・服部 薫

生物研究社

第三版改訂にあたって

　平成28年の気候はまったく異常気象と言ってよいだろう。熊本大地震を筆頭に，日本列島沿いを西進する台風を初めて経験したし，各地の豪雨も油断ならない。あらためて，温暖化を実感し，自然環境の変動を体現する次第である。われわれ人類以外の生物も，もちろん鯨類やそのほかの海産哺乳類ももっと身近にこうした変動を受けているだろう。

　また，昨今の鯨類をめぐる社会科学的トピックスもある。いわゆる調査捕鯨（鯨類捕獲調査という呼称が正しいと思うが…）をめぐるICJ（国際司法裁判所）の"調査捕鯨訴訟問題"やJAZA（日本動物園水族館協会）とWAZA（世界動物園水族館協会）の野生イルカの展示可否の問題も記憶に新しい。いずれにしても，これら社会問題の対象となる"鯨類なるもの"を正確に理解したうえでの議論であってほしいと願う。

　本書も定時改訂の時をむかえ，今回から鰭脚類トド研究の専門家である服部薫さん（北海道区水産研究所高次グループ）に著者に加わっていただいた。服部さんには大学院講義などたびたび御来講いただいているが，大学院時代はラッコ（裂脚類）を専攻されていた稀少な研究者でもある。当然ながら，鰭脚類の記述内容は大幅にバージョンアップされている。また，二版作成時には博士研究員であった中村玄君はテニュアトラック助教に選任され，よりいっそう経験と実力が備わった。新たな実用資料は中村君の手によるものである。受講者の皆さんのより深い理解につながれば幸いである。

　本版においても，生物研究社の山岡容子さんには，ひとかたならぬご尽力をいただいた。心より御礼申し上げたい。

平成28年9月
鯨類学研究室にて
著者代表　加藤　秀弘

はじめに

　海洋には多くの生物が存在することは言うまでもないが，そこにはわれわれと同族の哺乳類さえ存在している。これらの哺乳動物群の生息域はグループとしてみると淡水域にまで及ぶものもあり，地球上のあらゆる水域に適応放散していると言っても過言ではない。この様態を考慮すれば，これらの動物群は水棲哺乳類（もしくは水生哺乳類）として表記するほうが正しいかもしれない。しかし，一般的にはやはり海産哺乳類として浸透しており，本書でもこの呼称を踏襲した。

　しかし，その海産哺乳類を対象とした"学"の学問的浸透度はあまり芳しいとは言えない。つまり，陸上種を主体とした哺乳類学では生息域の隔離から，プランクトン，ネクトンや魚類を主体とした海洋生物学では哺乳類であるがゆえに常に学問的体系からはずれることが多く，農学・理学系のみならず海洋・水産系の大学教育の中でもあまり重視されてこなかった。筆者は学部学生時代にはきわめて亜流ながらアザラシ類に興味を抱き，その後周囲の方のご厚意により，幸運にもその亜流の中に身を投じることができた。興味・専攻の対象もアザラシからトドへ，トドからクジラへと研究を進展させ，研究の場も大学院から旧鯨類研究所，さらに水産庁遠洋水産研究所に移り，都合30年間弱海産哺乳類の現場研究にうちこむ機会に恵まれた。そして，平成17年8月に東京海洋大学へ赴任し，ふたたび大学専門教育としての海産哺乳類学，鯨類学と向かいあう機会を頂戴した。

　赴任前にも感じていたが，若い学生の海産哺乳類，とくに鯨類への興味と嗜好度は近年いちじるしく高まっている。しかし，大学・大学院における海産哺乳類学・鯨類学の実情は筆者の学生当時とあまり変わっていなかった。やはり，海産哺乳類，とくに鯨類がわれわれと隔絶したフィールドに生息し，対象動物群へのアプローチそのものが大学に不向きであることが原因の一つと実感させられた。筆者の唯一の自負は，30年にわたる鯨類と海産哺乳類のフィールド研究であり，この経験を生かして専門研究を行うことが筆者の務めと考え，"鯨類海産哺乳類学"を開講することとした。鯨類海産哺乳類学の教材としてはその都度プリント類を配布し，また，多著者によるオムニバス的書籍を参考書として利用してきた。しかし，学生諸氏との意見交換もふくめ，やはり体系的なメインの教科書が必要であることが痛感され，本書の刊行を行うこととした。

　本書の構成は基本的には，筆者が行ってきた"鯨類海産哺乳類学"の構成に基づき，①生物として鯨類・海産哺乳類，②資源として鯨類，③人類と鯨類の関係を取り扱い，極力最新の情報や学術的な進展にも対応できるよう，各授業において付説した事柄を取り込むためのメモ欄も併設している。いわば，増進型の教科書と言うべきものである。これらを活用して，受講者各位には卒業後にもふり返ることのできるような独自の教科書を完成することを望みたい。陸に起源をもつ鯨類や海産哺乳類が，いかにして水界という新しい環境になじんできたかを学び，今後の"人類と環境の関係"を再考する糧の一助としていただければ幸いである。

　最後に，著しい時間不足のなかで，本書の制作を担当していただいた生物研究社 山岡容子氏に深く感謝したい。

平成21年9月
東京海洋大学海洋科学部・鯨類学研究室にて
加藤　秀弘

第二版刊行にあたって

　平成21年に「鯨類海産哺乳類学」を刊行した際に，本書は当該研究分野の進展，またユーザーである学生諸氏の意見を取り入れて暫時改訂していく旨を述べた。この考え方に沿って，平成22年5月には「増補 鯨類海産哺乳類学」を刊行し，掲載内容を更新した。同様に2年の歳月を経れば，やはり改訂の要にせまられる。

　今般，生物研究社 山岡容子氏のご尽力により「鯨類海産哺乳類学[第二版]」の運びとなったが，著者にもユーザー世代に近い新鮮な人材を配し，鯨類学研究室にて今春学位を取得したばかりの博士研究員・中村　玄君の参画を仰いだ。紙面に斬新性が感じられたなら，それは彼の貢献によるものだろう。

平成24年9月
鯨類学研究室にて
加藤　秀弘

もくじ

- **鯨類海産哺乳類学** 1
  - 海産(水生)哺乳類とは 1
- **鯨類の世界** 2
  - 鯨類の進化 2
  - ヒゲゲクジラ類とハクジラ類 8
  - ヒゲクジラ類の分類 10
  - ヒゲクジラ類の体のつくり 11
  - 回遊と耳垢栓 17
  - シロナガスクジラ 19
  - シロナガスクジラ〜ピグミーシロナガスとは〜 21
  - クロミンククジラ 23
  - ミンククジラ 26
  - ミンククジラ〜ドワーフミンククジラとは〜 28
  - ナガスクジラ 29
  - イワシクジラとニタリクジラ 30
  - ツノシマクジラ 33
  - セミクジラ 34
  - コククジラ 38
  - ザトウクジラ 41
  - ハクジラ類の分類 43
  - ハクジラ類の体のつくり 45
  - ハクジラ類の年齢査定 48
  - ハクジラ類のエコロケーション 49
  - 鳥羽山鯨類コレクション 50
  - ハクジラ類の頭骨の多様性〜鳥羽山鯨類コレクションより〜 52
  - ミニチュア(1/25スケール)〜鳥羽山鯨類コレクションより〜 54
  - マッコウクジラ 56
  - ツチクジラ 59
  - シャチ 61
  - オキゴンドウ 63
  - コビレゴンドウ 64
  - ハンドウイルカ 65
  - マダライルカ 66
  - カマイルカ 67
  - イシイルカ 68
  - スナメリ 70
- **海牛類の世界** 73
  - 海牛類とは 73
  - マナティとジュゴンの違い 75

| ジュゴン 76
    ステラーカイギュウ 77
● 鰭脚類の世界 79
    鰭脚類とは 79
    鰭脚類の進化 81
    鰭脚類3科の違い 82
    鰭脚類の歯 83
    トド 84
    キタオットセイ 86
    ゼニガタアザラシとゴマフアザラシ 87
    鰭脚類と人とのかかわり 89
● 鯨と人とのかかわり 91
    資源調査と管理 91
    捕鯨業 94
    国際捕鯨委員会(International Whaling Commission：IWC) 103
    鯨類と超高速船 108
    座礁 111
    鯨類の形態調査と骨格標本の作製方法 112
● 巻末資料 119
    海産(水生)哺乳類分類体系と種名リスト 119
    原住民生存捕鯨による捕獲統計(1985〜2013年) 124
    科学許可による特別採捕統計(1986〜2013年) 129
    商業捕鯨による近年の捕獲統計(1985/86〜2013年) 132
    小型鯨類漁業による近年の捕獲統計(2000〜2014年) 134
    鯨種判別ポイント 136

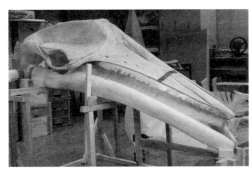

展示作業中のミンククジラ頭骨
上顎には乾燥したクジラヒゲを残してある。

・本文中の写真はとくに記載していないものは著者もしくは東京海洋大学鯨類学研究室の撮影による。
・イラストもとくに記載していないものは著者の監修によって生物研究社が作成したものである。
・文中の資源量推定値はとくに記載がないかぎり主として宮下(2008)およびIWC(2016)より引用した。詳細は93ページを参照されたい。
・文献については本書ではとくに重要と考えられるもののみ掲載した。
・本版ではとくに鯨類の身体の大きさを成熟個体の平均的値で示し、成体サイズと表記した。体長，体重が推定できる場合はそれぞれ区分できるように示した。

鯨類海産哺乳類学

海産(水生)哺乳類とは

　海産哺乳類は，文字どおり海に棲む哺乳類の総称であるが，多くの場合淡水産哺乳類をも含め，機能分類的にみれば水生哺乳類と表記するほうが適当かもしれない。しかし海産哺乳類という呼称はすでに一般にかなり定着しており，本書ではこの呼称をそのまま用いることとした。広義にはラッコ，カワウソ，ビーバー，さらにはホッキョクグマやカバを含む場合もあるが，ここでは狭義の海産哺乳類として生活史の全部もしくは大半を水界に依存する，鯨類，海牛類および鰭脚類を対象とすることとした。

● 鯨目—14科40属89種

　鯨類は，鯨目(Cetacea)に属する種の総称で，およそ5,000万年前に陸生哺乳類から分化した。従来は「か節目」メソニックスから分化したと考えられていたが，近年では原始的な偶蹄類(カバ類)を祖先とする見解が主流である。およそ3,400万年前に絶滅したムカシクジラ類(亜目)を経て，鯨類は地球上の水域に広く適応放散してきたと考えられ，現生種はヒゲクジラ亜目(Mysticeti)とハクジラ亜目(Odontoceti)の2つのグループに分かれ，おのおの特徴ある生活をおくっている。なお近年分類体系が見直されており，本書ではSociety for Marine Mammalogyによる最新(2016年時点のウェブサイトによる)の分類体系に従ってとりまとめた(巻末資料参照)。

● 海牛目—2科2属5種

　海牛類は鯨類同様高度に水域に適応し，きわめて沿岸性ではあるものの，陸上にいっさい依存しない生活をおくっている。系統分類学的には長鼻類に近いとされ，独自の海牛目(Sirenia)を構成し，マナティ科とジュゴン科の2科からなる。

● 食肉目鰭脚類グループ(旧 鰭脚亜目)—3科22属35種

　鰭状に変化した四肢をもつ水生哺乳類の総称。全身毛皮で覆われる。水域に生活史のほとんどを依存するが，繁殖は岩礁，砂浜もしくは氷上で行われる。分類学的には従来は独自の鰭脚亜目を構成するとされてきたが，近年ではとくに亜目をたてず，全3科を食肉目に直属させる場合が多い。

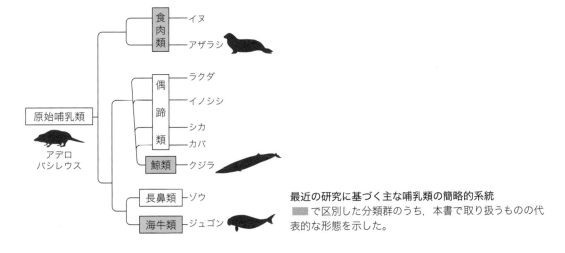

最近の研究に基づく主な哺乳類の簡略的系統
■で区別した分類群のうち，本書で取り扱うものの代表的な形態を示した。

● 鯨類の世界

ザトウクジラのブリーチング(PCCS提供)

鯨類の進化

　鯨類は近年の研究によりDNA上は現生のカバに近いことがわかっており、その祖先は近年では原始的なカバであったと考えられている。

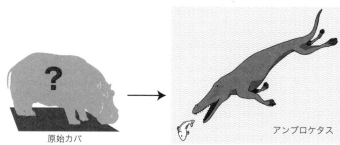

原始カバ　　　アンブロケタス

原始的なカバのような祖先からアンブロケタスへ進化した

現生のクジラにある後肢の名残
写真はセミクジラ(東京海洋大学所蔵)の骨盤と大腿骨の痕跡。

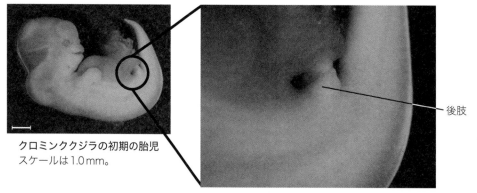

クロミンククジラの初期の胎児
スケールは1.0mm。

後肢

発生初期、数週間めに一時的に現れる後肢(表紙写真も参照のこと)
発生後数週間めに発現するが、1週間程度で消失すると考えられる。

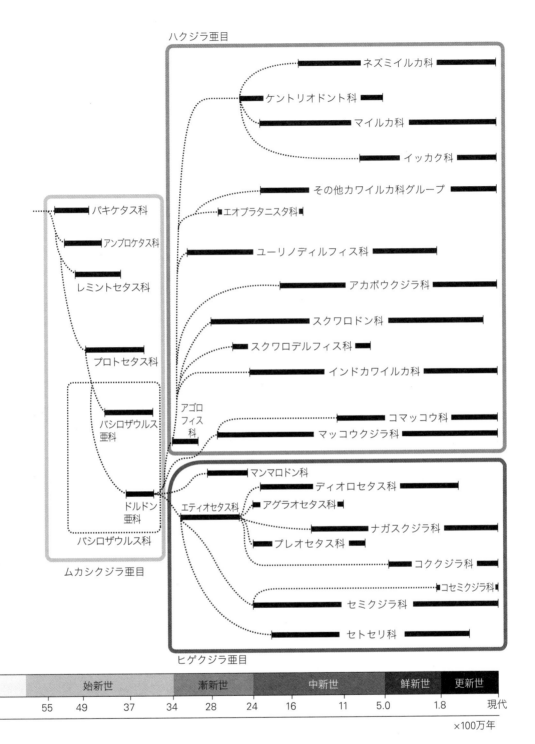

鯨類進化系統概略図(科レベル；主要な科を示した)
Perrinほか(編)(2009)Encyclopedia of Marine Mammals, Academic Pressをもとに作図。

● 腹鰭イルカ"はるか"が導く鯨類の起源

鯨類の進化の項で紹介したように鯨類の祖先は陸上を歩いていた。前肢は胸鰭に変化したが水生適応の過程で後肢は完全に消失した。しかし，中間過程の祖先であるムカシクジラ類には明確な後肢があり，現生鯨類にもその名残として骨盤の痕跡や退縮した大腿骨が残っている。ただし，現生鯨類にはこのような痕跡器官が残されていても，体表上には一切の突起物がない。

腹鰭イルカ"はるか"（太地町立くじらの博物館提供）

ところが，2006年10月28日，和歌山県東牟婁郡太地町沖合で追い込まれたハンドウイルカ118頭のなかから腹部に（胸鰭とほぼ同じ形状の）立派な腹鰭をもっている個体が1頭発見された。この個体はただちに太地町立くじらの博物館付設水族館に収容され，初期的な調査が行われた。体長は273 cmの雌個体で，体長的には十分に成熟しているものの，出産の経験はないように思われた。

鯨類の腹部に後肢の痕跡が出現した例は過去に十数例知られているが，いずれもコブ状の隆起にすぎず，このような完全な腹鰭の発現は鯨類学史上初の発見であったため，世界中で大きな注目を浴びた。この"腹鰭"がいわゆる"先祖返り"によるものであるのか，あるいは"新たな突然変異的進化"であるかについて議論が分かれるなか，この個体は"はるか"と名づけられ，東京海洋大学，慶應義塾大学，順天堂大学などが参加して2008年5月，遺伝学的研究，生理学的研究，形態学的研究および行動学的研究からなる総合研究計画"はるか研究プロジェクト"が発足した。

"はるか"の腹鰭

その後各分野の研究はそれぞれ進展中であるが，2010年11月"はるか"の腹鰭内部をX線にて透視する実験が試みられ，みごとに腹鰭の内部構造が解明された。この成果は2011年3月に第一報が国内学会[1]に，同年11月に詳報が国際学会[2]に報告された。腹鰭内部骨格の形態に関する概要は以下のとおり（次ページ写真参照）。

"はるか"（上）と通常のハンドウイルカ（下）

「腹びれは肛門の左右に存在し，最大長と最大幅はそれぞれ左175 mm，68 mm，右192 mm，72 mmであった。内部には骨格が認められ，左は近位から基部に1個とそれに連結するやや小さな骨1個，脛側に指骨に似た形状の扁平な骨が6個，腓側には2個が連なっていた。右は近位から基部に1個の骨塊，そこから脛側に4個，中央部に6個が連なり，腓側に少し離れて1個の骨があった。骨端軟骨はなく，骨盤肢帯との関節は認められなかった。以上から，この腹びれは「後肢」に相当し，各骨要素は不完全ながら大腿骨・脛骨・腓骨・中足骨・指骨と解釈しえた（加藤ほか，平成23年度日本水産学

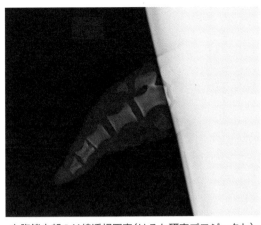

右腹鰭内部のX線透視写真（はるか研究プロジェクト）

会大会要旨より）」

　古代の鯨類に存在していた後肢がどのように退縮していったかは鯨類の進化学上の大きな謎であったが，今回の発見はこの謎にせまる重要な知見と契機を与えてくれることとなり，今後の研究の進展が大きく期待される。

　腹鰭イルカ"はるか"については，その後次世代を創出するための努力を目的に置きつつ学際的な研究が行われていたが，まことに残念ながら2013年4月4日に次世代を遺すことなく死亡した。死亡に伴い，遺伝グループは本格的な組織採集を実施しての分析に入り，後肢発現に関するゲノム探査に相当の進展があり，2016年度以降本格的な研究発表が期待されている。またIPS細胞の保存も試みられた。

　形態学的には外部計測ののち，2013年後期には体内の詳細な解剖研究に移行した。しかし，多くの新たな発見が期待されているものの，2016年9月時点にて研究は終了していない。

---

1) 加藤秀弘・小泉憲司・伊藤春香・一島啓人・内田詮三・植田啓一・上江洲安弘・林　克紀・白水　博・桐畑哲雄・大隅清治・浅川修一・吉岡　基. 2011. 世界初記録バンドウイルカ *Tursiops truncatus* の腹びれ内部の骨格構造―腹びれイルカ研究プロジェクトの進展―. 平成23年度日本水産学会春季大会要旨 #557.
2) Ito, H., Koizumi, K., Ichishima, H., Uchida, S., Hayashi, K., Ueda, K., Uezu, Y., Shirouzu, H., Kirihata, T., Yoshioka, M., Ohsumi, S. and Kato, H. 2011. Inner structure of the fin-shaped hind limbs of a bottlenose dolphin (*Tursiops truncatus*). Abstract. 19th Biennial conference on the biology of marine mammals.

● 鼻孔の位置

　鯨類の鼻孔は水中生活に適応するにしたがい，頭頂部へと移動している。

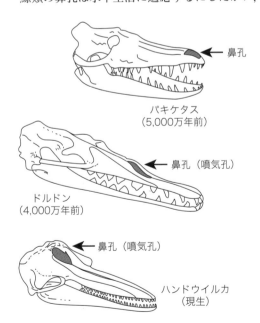

鼻孔の位置の進化

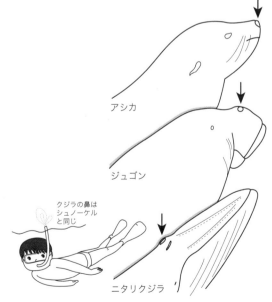

鰭脚類，海牛類および鯨類間の鼻孔の位置の比較

● 頭骨の比較

　5,500万年前，陸を歩いていた鯨類の祖先の頭骨は現在のイヌに近い形状をしていた。しかし進化の過程で水中生活に適応するため，頭骨の形状は著しく変化した。なかでも鼻骨の後退は顕著である。鯨類では遊泳中に呼吸がしやすいように鼻腔が体の前方から頭頂部に後退したが，これに伴って鼻骨も頭頂付近に移動した。この現象は潜水艦の折りたたみ式潜望鏡になぞらえて，"テレスコーピング"とよばれている。またヒゲクジラの仲間はほかの陸生哺乳類に比べ相対的に吻部が発達し，大きな口を有している。水中の餌をクジラヒゲで濾過して食べているヒゲクジラの仲間にとって，口を大きくするというのは効率よく餌を食べることにつながる。後頭骨の発達も同様に遊泳生活に伴う筋肉必要量の増加や運動効率の向上に対応し，変化したものと考えられる。類人猿の仲間（とくに真猿類）は比較的吻部の発達が弱いが，ヒトでは顕著である。一方で脳が発達したことに伴い頭頂骨が著しく発達した。このように頭骨の形状はそれぞれの生物の生態と深く関わっており，形から知り得ることは多い。

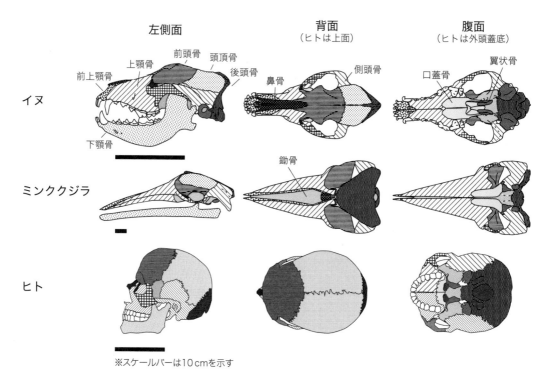

※スケールバーは10cmを示す

イヌ，ミンククジラ，ヒトの頭骨の違い
ヒゲクジラの仲間であるミンククジラはイヌなどの陸生哺乳類と比べると鼻骨の後退が著しい。この変化をテレスコーピングという。また後頭骨も頭頂部にせり出し，側頭骨や前頭骨を被っている。ヒトは吻部が発達しないかわりに，脳を収めるために頭頂骨が発達している。

● **鯨類の体のつくり**

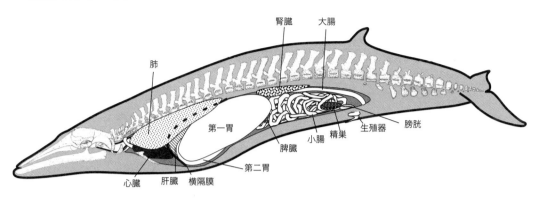

ミンククジラを例とした内部の臓器配置

　鯨類の体のつくりは基本的に陸生哺乳類と同じである。しかし水中生活に適応するためにいくつかの特徴がみられる。精巣もその一つであり，陸生哺乳類の多くは体外に露出しているが，鯨類では遊泳時の抵抗にならないように体内に格納されている。しかしこの状態では温度が上がりすぎ，精子形成に影響をおよぼす。そのため精巣では体表付近で冷やされた血流を通す血管と体内の温かい血流を通す血管が並走し，温度をコントロールしている。この仕組みは"対向流システム"とよばれ，胸鰭や背鰭，尾鰭などにも発達している。

　腎臓はわれわれのような単腎ではなく，小さい腎臓単位（小腎）が複数集まり，葉状腎を形成している。このような腎臓は鰭脚類，ホッキョクグマなどにも認められる。

　ヒゲクジラ類では主に下図で示したように四つの胃からなっている。第一胃には胃腺が発達しておらず，主に餌の貯蔵場所となる。第二胃から第四胃には胃腺が発達しており，消化が行われる。われわれの胃は一つであるが，胃腺の発達は部位により異なっている。

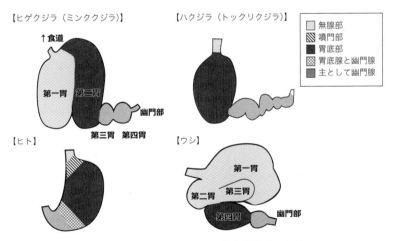

鯨類，ヒトおよびウシの胃の機能的構造の比較
大泰司(2004)を改編。

ヒゲクジラ類とハクジラ類

● ヒゲクジラ類

　ヒゲクジラ類は，口腔内にクジラヒゲとよばれる食物濾過板(ケラチン質が主成分)を有する鯨類の総称で，分類学的にはヒゲクジラ亜目，4科6属14種からなる。クジラヒゲの獲得によって小型甲殻類(オキアミ類，コペポーダなど)や群集性小型魚などの低次生産生物の利用に成功して大量摂餌が可能となり，一般的に大型化している。グループをつうじて更年期がない。体長は6～31 m。

● ハクジラ類

　ハクジラ類は，最小のイロワケイルカ(*Cephalorhynchus commersonii*)(最小の系群では成体平均体長1.2 m)から最大のマッコウクジラ(*Physeter macrocephalus*)(雄成体平均体長16 m)まで，多様性に富んだ大小さまざまの計10科34属75種がいる。文字どおり口腔内(上顎と下顎，もしくは下顎のみ)に歯牙を有するグループで，陸生哺乳類のような機能別構造と異なり，ハクジラ類の歯牙はすべてが犬歯状の同歯列構造に特化している。歯牙はもっぱら食物を捕らえるために用いられ，すでに咀嚼機能は失われている。中大型種では，ハレム闘争など雄同士の個体間の社会的闘争に使われる場合もある。またハクジラ類の鼻孔は内部構造的には左右に分かれているが，直前に左右の鼻孔が合体し，一つの外鼻孔として開孔しており，左右ともに開孔するヒゲクジラ類と大きく異なる。体長は1.2～17 m。

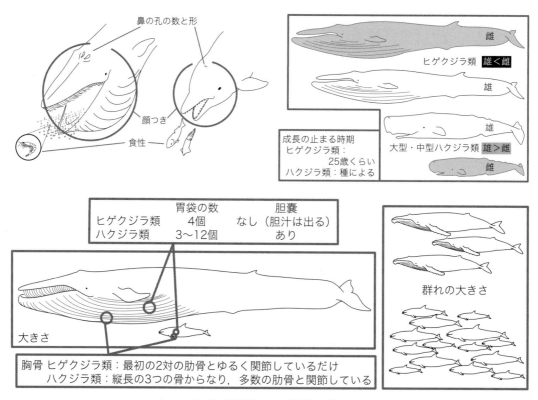

ヒゲクジラ類とハクジラ類の違い

● 頭骨の形態

　頭骨の形態にもハクジラ類とヒゲクジラ類で顕著な違いがある。一般的な哺乳類は左右対称の頭骨を有し，ヒゲクジラ類も同じである。しかしハクジラ類の頭骨は，頭頂部を中心に，とくに鼻骨周辺が左右非対称である。この理由については諸説あるが，ハクジラ類特有の音響発生システムやそれに関連する組織の位置によると考えられている。また左右非対称の程度は種により異なる。

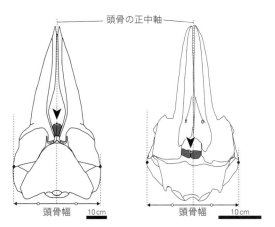

ヒゲクジラ類（左）とハクジラ類（右）の頭骨形態の違い
左右の鼻骨の接点（矢尻）がヒゲクジラ類では頭骨幅の正中軸上にあるのに対し，ハクジラ類では左側にずれている。

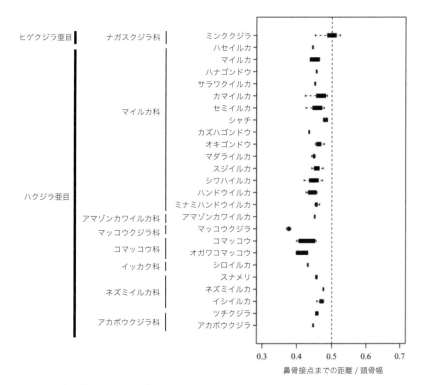

頭骨幅に対する左右の鼻骨接点までの距離の比率
0.5が左右対称であり，数値が小さいほど鼻骨の先端が左にずれていることを示す（Hirose et al., 2015をもとに一部改編）。

ヒゲクジラ類の分類

● ヒゲクジラ亜目

(英名) baleen whale：baleenはクジラヒゲの意味。
(ラテン名) Mysticeti：Mistiはヒゲ，cetiはクジラの意味。

セミクジラ科

(ラテン名) Balaenidae：Balaenidaeはラテン語のクジラの意味。属名につくEuは正しいもの，本来のものという意味。

セミクジラ科は，細く長いクジラヒゲと背鰭のない丸い背中が特徴で，従来，成体体長15mほどのセミクジラ(*Eubalaena japonica*)とこれよりやや大きいホッキョククジラ(*Balaena mysticetus*)のみ分類されていたが，近年，前者は南半球産のミナミセミクジラ(*E. australis*)，北大西洋産のキタタイセイヨウセミクジラ(*E. glacialis*)，そして北太平洋産のセミクジラ(*E. japonica*)として別種として扱われるようになった。2属4種からなる。

コセミクジラ科

(ラテン名) Neobalaenidae：Neoは新しいの意味。

従来はセミクジラ科に含まれていたが，別科として独立した。コセミクジラ(*Caperea marginata*)のみの1属1種で構成される。セミクジラ科同様細く長いクジラヒゲをもつが，成体体長6mほどの小型で背鰭がある。

ナガスクジラ科

(ラテン名) Balaenopteridae：pteri→pteraは翼の意味。

ナガスクジラ科はもっとも水生適応が進み，紡錘体型で高速遊泳，咽頭部には摂餌のために口腔内スペースを拡張できる畝とよばれる溝がある。地球史上最大のシロナガスクジラ(*Balaenoptera musculus*)(最大体長33m，体重200t)をはじめとして，ナガスクジラ(*B. physalus*)，イワシクジラ(*B. borealis*)，ニタリクジラ(*B. edeni*)，ザトウクジラ(*Megaptera novaeangliae*)が含まれ，本科最小種のミンククジラ(*B. acutorostrata*)は，2000年以降南極産のクロミンククジラ(*B. bonaerensis*)と北半球産(南半球産矮小型を含む)ミンククジラに区分されるようになった。さらに，1998年山口県角島で得られた本科鯨類が新種ツノシマクジラ(*B. omurai*)とみなされるようになり，近年では国際的にも定着しつつある。2属8種からなる。

コククジラ科

(ラテン名) Eschrichtiidae：オランダ人の動物学者D. F. Eschrichtの名前が由来となっている。

北太平洋特産種のコククジラ(*Eschrichtius robustus*)のみの1属1種で構成される。きわめて沿岸性で規則正しい季節的南北回遊をする。北米側のカリフォルニア系群(東部系群)とアジア側のアジア系群(韓国もしくは西部系群)に明瞭に分かれる。成体体長は14mほど。

ヒゲクジラ類の体のつくり

● **基本的な体の形と雄雌の違い（ニタリクジラを例として）**

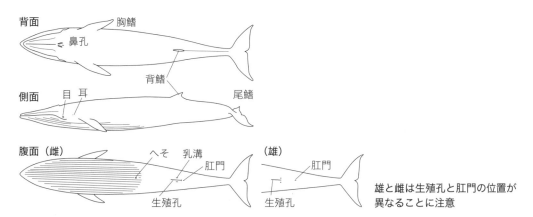

● **全身骨格（シロナガスクジラ）**

　ヒゲクジラ類の骨格の特徴：硬くて薄い骨膜をもつ。骨膜の下は多孔質の骨組織である。おのおのの骨組織には浮力を保つため脂肪がたっぷり含まれている。しかし，下顎だけは緻密組織からなり，激しい採餌活動にも耐えられるようになっている。

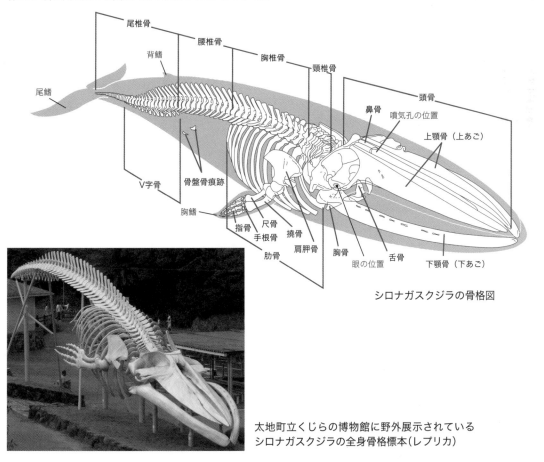

シロナガスクジラの骨格図

太地町立くじらの博物館に野外展示されている
シロナガスクジラの全身骨格標本（レプリカ）

● ミンククジラ骨格（体長752cm 頭骨長154.5cm）

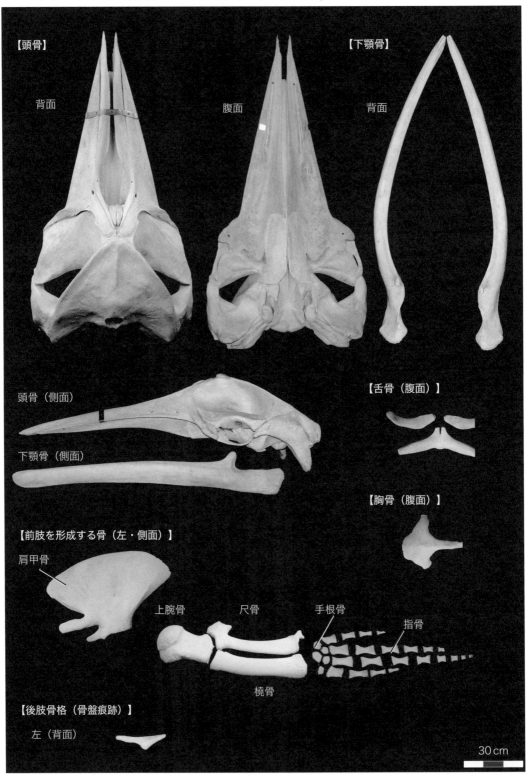

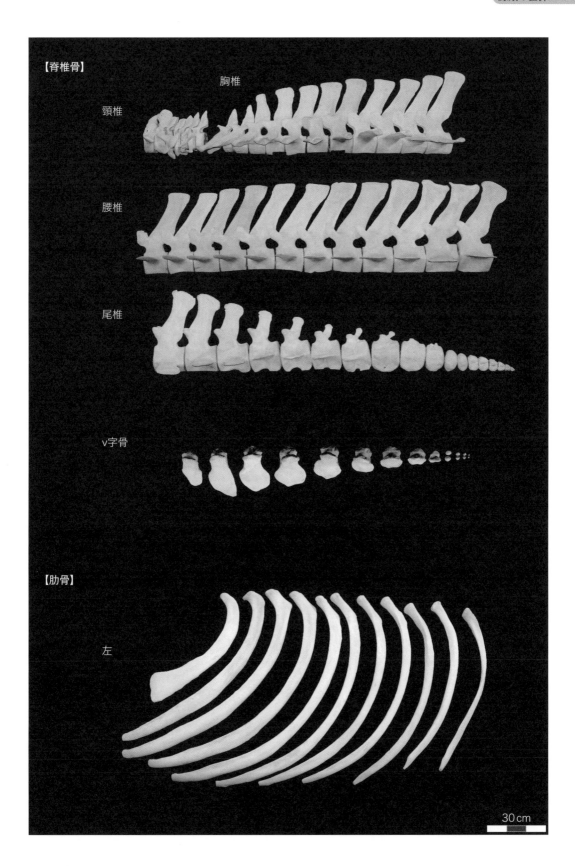

鯨類の世界

● クジラヒゲ

いろいろな形

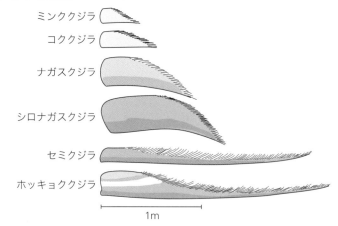

ヒゲの使い方（飲み込み型のナガスクジラ科）

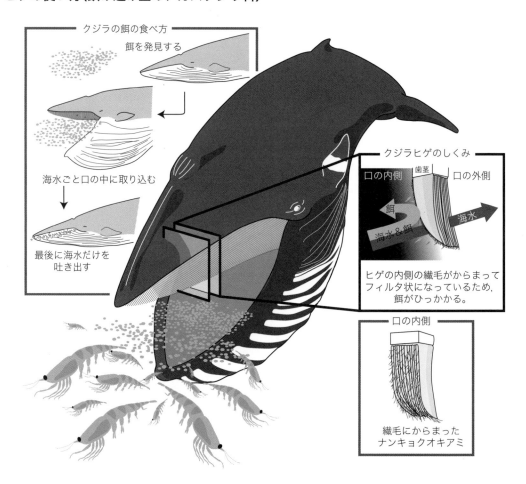

● 口・頭骨の違いと餌のとりかた

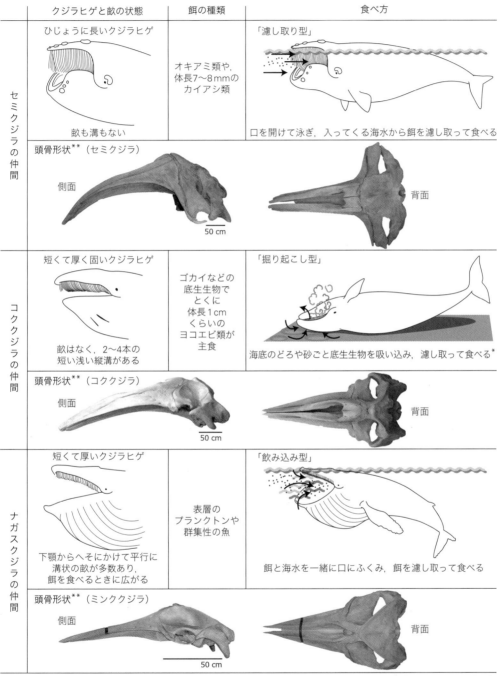

* アジア系群とカリフォルニア系群で使用するクジラヒゲの側（体の右，左どちらを下にするか）が異なるとする説もある。
** クジラヒゲの形や大きさによって頭骨形状が異なる。とくに吻部の形は大きく異なっている。

鯨類の世界

● ザトウクジラのバブルネットフィーディング

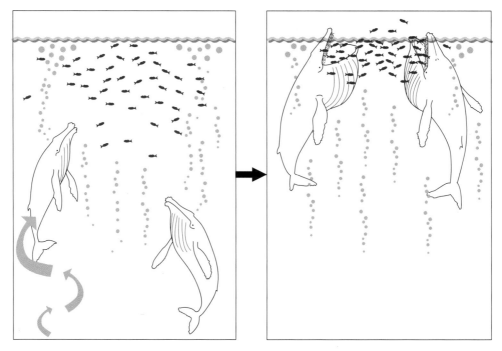

頭部の鼻孔から息をはきながららせん状に上昇する
息が円筒状の気泡の網となり，餌が水面近くに追い込まれる。

水面近くに追い込まれた餌の群れを突き上げるようにして大きく開けた口で飲み込む

回遊と耳垢栓

● ヒゲクジラ類の年齢査定

ヒゲクジラ類の年齢査定は，耳垢栓中心部に形成される成長層をカウントし，1年1層（暗帯と明帯の一組）形成されるとの前提で年齢に換算することが多い。

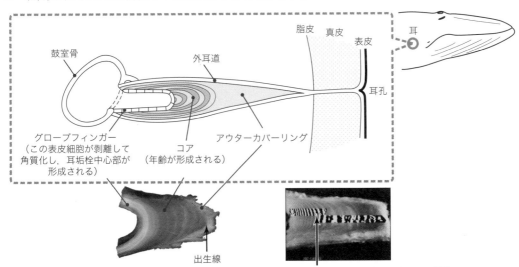

画像解析（二値化処理）によって成長層を明確にした画像。変移相（性成熟の指標）が確認できる。

● 回遊

ヒゲクジラ類は冬期に温暖な低緯度海域で出産交尾を，夏期に高緯度海域で摂餌活動を行う。このような季節的南北回遊によって季節的に栄養状態が異なり，栄養状態のよい夏期に形成される成長層は脂肪分が多く明帯に，あまり餌をとらない繁殖期の成長層は暗帯となる。こうした栄養状態の変化が耳垢栓の成長層に反映されている。

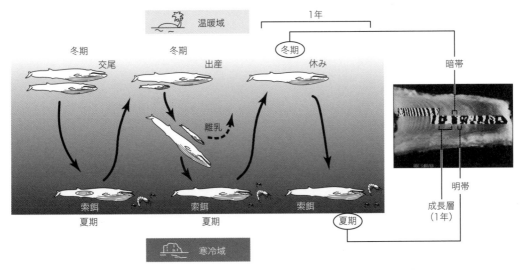

ナガスクジラ科鯨類の季節回遊と耳垢栓成長層の形成（南半球の例）

ヒゲクジラ類の耳垢栓成長層計数による最高年齢
成長層の形成率は1年1層を前提とした。加藤(1990)を改編。*は排卵数より推定したもの。

鯨種	海域	最高年齢
シロナガスクジラ	南半球	110
	北太平洋	91*
ナガスクジラ	南半球	114
	北太平洋	101
	北大西洋	80
イワシクジラ	南半球	74
	北太平洋	64
	北西大西洋	71
ニタリクジラ	南半球	72
	北太平洋	55
クロミンククジラ	南半球	62
ザトウクジラ	南半球	74
	北太平洋	77
コククジラ	カリフォルニア	72*

　ここではナガスクジラがもっとも高齢となっているが，Purves(1955)が耳垢を発見した時点で，シロナガスクジラ資源はすでに相当減少し，高齢のものが少なくなっていたと考えられている。一説に捕獲が開始された当時(1900年代初頭)の最高年齢は150歳に達していたと推定される。

　また，ホッキョククジラは耳垢栓が形成されにくいため，長期にわたって年齢査定が不能であったが，近年では米国研究者の手によって年齢の増加に伴う眼球の白濁化に関与するキラル化合物の鏡像体過剰率(ラセミ比)を利用して年齢査定が試みられており，予備的結果では100歳以上の寿命をもつことが明らかにされている。また，アラスカイヌイットが捕獲したホッキョククジラの体内から発見された手投銛の年代推定から少なくとも130歳，場合によっては200歳にせまる寿命をもつとのユニークな研究もある。

シロナガスクジラ

(英名) blue whale：水中では淡青色 (sea blue) に見えることに由来。

(学名) *Balaenoptera musculus*：Balaeno (クジラ), ptera (翼)。種小名 *musculus* はネズミの意味で，命名時にリンネがネズミに与える予定の学名を誤って命名したといわれている。

(亜種) 北半球に生息するもの：*B. m. musculus*

南半球に生息するもの (通常型)：*B. m. intermedia*

南半球に生息するもの (ピグミーシロナガス)：*B. m. brevicauda*

(和名) 白いナガスクジラの意味。捕獲したときの体色にちなむ。日本の古名ではシロノソとよばれていた。

成体サイズ (体長, 体重)：[北半球] 雄 23.2 m, 75.2 t；雌 24.5 m, 88.5 t [南半球] 雄 25.0 m, 94.1 t；雌 26.0 m, 105.8 t。雌は最大で 33 m, 200 t に達する。

分布：反赤道分布[*]。ヒゲクジラ類のなかではもっとも高緯度海域にまで分布しているものの一つ。

食性：オキアミ類への嗜好性が強い。

頭部：長く幅広い吻部が特徴で，鯨類のなかでは鼻孔が頭部のもっとも後ろに位置している種の一つ。

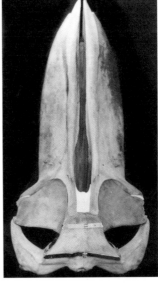

シロナガスクジラ (左, 頭骨長6m) とミンククジラ (右, 同2m) の頭骨 (頭頂部) の比較
シロナガスクジラの吻部は外側に膨らみ幅広で相対的に長いことがわかる。

● **シロナガスクジラの資源量**

南半球 (南緯0°以南) で2,300頭 (95％信頼区間 (以下CIとする), 1,150〜4,500)。近年わずかに増加がみられる。ただし，亜種のピグミーシロナガスを除く。

---

[*] 反赤道分布：赤道直下海域には分布しないが，赤道をはさんで同種が対称的に分布する。

● シロナガスクジラの成長曲線

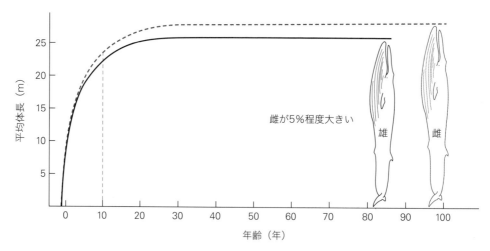

　シロナガスクジラの耳垢栓（17ページ参照）によって査定した年齢と体長の関係を模式的に上図に示した。図のように出生時の体長は雌雄に差がないが5歳前後で差が開き，雌が大きく成長していく。遅くとも10歳前後で性成熟に達するが，雌雄ともにこのときに最終体長のおよそ80％にまで成長し，25歳前後で体長の伸長が止まる。南半球産のシロナガスクジラでは，このときの雌（平均26m）は雄（25m）より5％程度大きく，この性差はその後も持続する。こうした成長パターンはナガスクジラ科鯨類の間で共通しており，成長の停止は25歳前後程度である。雌が雄よりも大型であることが繁殖にかかわるのは明らかであり，新生児への泌乳に負担の大きい雌により多くのエネルギーを蓄積させるためと考えられている。

シロナガスクジラ ～ピグミーシロナガスとは～

　地球史上最大の動物であるシロナガスクジラは，20世紀初頭の近代捕鯨開始とともに最大の捕鯨対象資源となった。しかし，1920年代から1930年代の乱獲に象徴されるような初期の資源管理の失敗から資源は大きく減少し，とくに南氷洋産シロナガスクジラは1900年代初頭にはおよそ20万頭生息していたが，1990年代にはわずか0.5～1%に相当する1,000～2,000頭程度にまで減少した。2010年時点の見解では資源はやや回復しつつあるが，それでも2,300頭強にすぎない。

　こうした状況からIWC国際捕鯨委員会は1993年と1994年の2度にわたり，シロナガスクジラ等の大型鯨類資源の回復決議を行った。これを受け，IWC科学委員会は調査研究プロジェクトを開始し，①資源量推定値の改善，②繁殖海域の探索と特定，③索餌場における種間競争の解明を目指し，当面①のサブプロジェクトに着手した。

　ところが，南半球には本来著しく資源減少した通常型シロナガスクジラ（以下シロナガスクジラとする）の亜種でやや小型のピグミーシロナガスクジラ（以下ピグミーシロナガス）が生息し，両者の識別が大きな課題となった。そこで，1995/96漁期よりIWCと日本の共同調査により第1回のシロナガスクジラ回復調査が開始された。調査はほぼ10年間2006/07漁期まで継続され，以下に示すような識別キーが確立された。

● 南半球に生息するシロナガスクジラ2亜種の違い

　大きさや体型（ボディプロポーション），鼻の形態，分布域，鳴音に違いがあるほか，遊泳行動やバイオプシーで採取した皮膚より得られたミトコンドリアDNAなどの塩基配列の違いが明らかになっている。

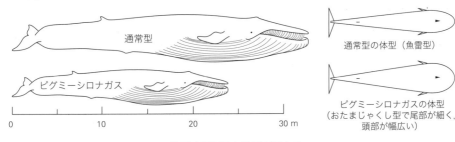

体長や相対的な体型が異なる
Kato *et al.*(2006)より。

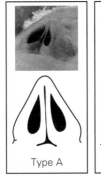 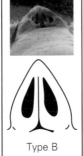 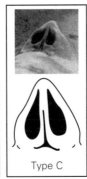

鼻の形態に違いがある
Kato *et al.*(2006)より。

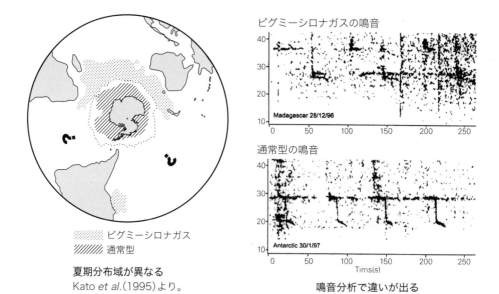

夏期分布域が異なる
Kato *et al.*(1995)より。

鳴音分析で違いが出る

クロミンククジラ

　従来は北半球産ミンククジラ (*Balaenoptera acutorostrata*) の亜種とされていたが，2000年に独立した種として扱うことになった。
　(英名) Antarctic minke whale：この種を捕っていたドイツ人の砲手Minkeのエピソードに由来する。
　(学名) *Balaenoptera bonaerensis*
　成体サイズ (体長，体重)：雄8.5m，7.1t；雌8.9m，7.6t。
　分布：夏期にはシロナガスクジラとともにもっとも南極海の高緯度海域にまで分布する種の一つ。
　食性：ナンキョクオキアミを主食とする。

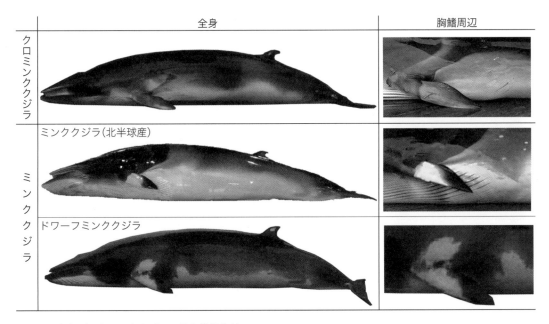

クロミンククジラとミンククジラの体色模様比較
クロミンククジラ (上) の胸鰭には，ミンククジラ (中) にみられる白斑がない。また，ミンククジラの新亜種と目されているドワーフミンククジラ (下，28ページ参照) は胸鰭に白斑を有しているが，北半球産のミンククジラに比べると白斑の範囲が広く，胸鰭だけでなく肩まで達しているという特徴がある。

● **クロミンククジラの資源量**

　IWC国際資源調査（IDCR※，SOWER※※計画）により1980～1990年代の資源が761,000頭（南緯60°以南）と推定されている。2012年に新たなデータ（1992～2003年）と手法によって推定値（515,000頭；95% CI, 360,000～730,000）が更新されたが[1]，年代間に統計的有意差はない。

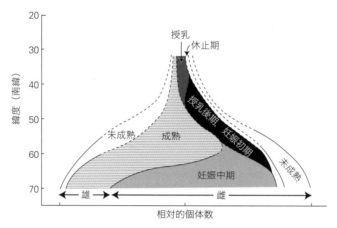

クロミンククジラは緯度によって性別や性状態ですみ分けている
加藤（1990）より。

※ International Decade of Cetacean Research
※※ Southern Ocean Whale and Ecosystem Research
1) Okamura and Kitakado, 2012.

● 南極海の決闘（クロミンククジラとシロナガスクジラの種間競争）

　シロナガスクジラとクロミンククジラは同じ餌を食べているため，生態的に競合している。南極での捕鯨によりシロナガスクジラの数が激減し，シロナガスクジラが捕食していた分のナンキョクオキアミをクロミンククジラが捕食できるようになった。クロミンククジラの栄養状態がよくなり，その結果成長が早まるとともに成熟年齢も若くなった。その結果クロミンククジラが増加したため，シロナガスクジラの個体数が回復しないと考えられている。

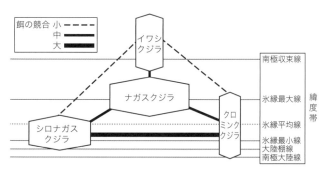

1940～1950年代の南極海におけるナガスクジラ属鯨類間の生息緯度帯と餌の競合程度の模式図

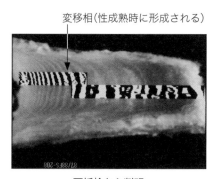

耳垢栓から判明 ⟶

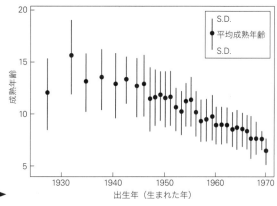

耳垢栓変移相から推定したクロミンククジラの成熟年齢の経年変化
1940年代後半以降の低下がよくわかる。Kato(1987)を改編。

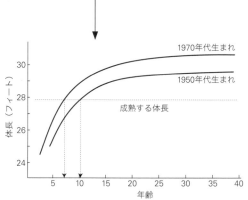

クロミンククジラの成長曲線
若い世代ほど成熟する体長に達する年齢が若くなっている。Kato(1987)を改編。

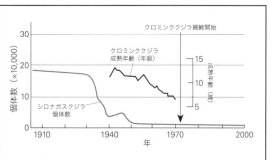

シロナガスクジラの減少とクロミンククジラの成熟年齢の変化
加藤(2005)を改編。

ミンククジラ

(英名) common minke whale：クロミンククジラと区別する意味でcommonを付すことが一般的。Minkeはノルウェーの初期の捕鯨でこのクジラを獲った砲手の名に由来している。欧米ではlesser rorqual, little piked whaleとよばれることもある。

(学名) *Balaenoptera acutorostrata*：種小名は他のナガスクジラ科鯨類に比べて頭部が三角状にとがっていることに由来している。従来は全海洋のミンククジラを包括して1種としてきたが, 2000年以来南半球産のグループを*B. bonaerensis*として独立させ, 北半球産グループをこの種小名で包括することとなった。北半球産は亜種レベルで区分している。

(和名) 和名表記はそのままミンククジラであるが, コイワシクジラとよばれることもある。

成体サイズ(体長, 体重)：[北半球のみに生息] 雄7.8 m, 5 t；雌8.3 m, 6.3 t。

分布と系群：赤道海域を除く, 北半球全体に広く分布している。冬季は低緯度海域に, 夏季には高緯度海域に回遊し, シロナガスクジラ同様に氷縁海域にまで至る。本来回遊性だが, 移動距離の少ない地域的小系群もある。日本近海には西部北太平洋温暖域で繁殖し, 日本太平洋岸を経由してオホーツク海および近海で索餌する通称O系群と東シナ海ー黄海ー日本海に生息する通称J系群があり, 一部の海域でこの二系群が混合している。クジラヒゲはすべてクリーム色で片側250枚前後。畝は50から60条。

食性：海域によって異なるが, ハダカイワシやサンマなどの群集性小型魚類が主要, 海域によってオキアミ類を食べる。北海道東部沖では, スルメイカを捕食することもある。

● ミンククジラの形態

ナガスクジラ科最小種である。基本的形態は他のナガスクジラ科鯨類と同様であるが, 相対的に頭部が三角形状にとがっている。胸鰭基部に白斑があることが大きな特徴であり, 接近できればこのキーを手がかりに種同定は容易である。背部は青黒色, 腹部は白色であるが, 中央部にて背部の黒色が山形に貫入しつつ色彩が移行するので, 体側部は色彩が3層に見える。耳から頭頂にかけて2層の淡灰色ストリュームと尾柄部のU字型流線も特徴。

● ミンククジラの資源量

IWCが改訂管理方式運用試験に取り組んでいる北大西洋と西部北太平洋の一部で資源量が判明している。北東大西洋海域は174,000頭(95％CI, 125,000～245,000), 北太平洋O系群25,000頭(12,800～48,600)。

● 系群によって異なる繁殖期

前述のように日本近海には東側にO系群, 西側にJ系群が分布している。この2系群はオホーツク海南部海域のように一部海域では混合している。1994年より実施されている北西太平洋鯨類捕獲調査ではこの系群識別や混合の実態を知ることも目的の一つである。この研究では, DNA塩基配列による遺伝性科学的研究も行われているが, 胎児体長の季節的な分布を比較した従来の研究(Kato, 1992)によって, O系群の繁殖期は1～2月に, J系群は10～12月にあることが判明している。

● **北西太平洋産ミンククジラを対象とした鯨類捕獲調査**

　国際捕鯨取締条約第8条に基づいて本種を対象とした北西太平洋鯨類捕獲調査（通称調査捕鯨）が1994年より行われている。調査は母船を用いた沖合域調査（ミンククジラのほか，イワシクジラ，ニタリクジラ，マッコウクジラを対象），石巻と釧路に拠点を置いた沿岸域調査（2002年からミンククジラのみを捕鯨している）が行われ，（一財）日本鯨類研究所，国立研究開発法人水産研究・教育機構国際水産資源研究所などが実施している。2006年より東京海洋大学鯨類学研究室も沿岸域調査に参画している。亜寒帯海域における生態系の解明と複数種一括管理を目指した鯨類中心的生態系モデリングのための基礎調査であり，沿岸域では漁業資源をめぐる地域漁業と鯨類の競合関係の解明に力点がおかれている。捕獲頭数は各海域51〜60頭であるが，詳細は巻末資料を参照。調査計画としては2016年度にて終了の予定。

ミンククジラ 〜ドワーフミンククジラとは〜

この鯨はミンククジラの矮小型であり，新亜種と目されている。ドワーフミンククジラは南半球低中緯度海域に生息することから，従来は南半球産のクロミンククジラ（Antarctic minke whale, *Balaenoptera bonaerensis*）の一タイプと考えられてきたが，2000年に行われた現生鯨類の分類リスト再編において，遺伝学的には北半球に生息するミンククジラに近いため，その一亜種とされた。しかし，2016年9月時点においても分類学的に決着しておらず，いまだに亜種としての正式な記載もなされていない。

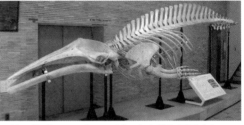

マリンサイエンスミュージアム本館に展示されているドワーフミンククジラの全身骨格標本

● ドワーフミンククジラの形態と生態

ほとんど知られていないが，唯一のまとまった情報源であるKato and Fujise[1]によれば，本種の肉体的成熟体長は7.0m程度にすぎず，クロミンククジラに比べて16%，ミンククジラに比べると10%程度小さい。外形的特徴としては，胸鰭基部から肩にかけて大きな白斑があり，ミンククジラ，クロミンククジラと大きく異なる。また，上顎骨後端の独特な形状，直線的な後頭骨縁などに顕著な特徴がある。回遊生態についてはほとんど知られていないが，繁殖は冬季に南半球低緯度海域で行われ，夏季には索餌のため南極収束線付近にまで南下回遊し，オキアミ類ではなく，主としてハダカイワシなど群集性小魚類を捕食していると考えられる。

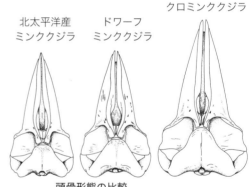

頭骨形態の比較
Kato and Fujise（2000）[1]より。

● 希少な東京海洋大学の全身骨格標本

東京海洋大学には国際捕鯨取締条約第8条に基づく南極海鯨類捕獲調査において1988年から1993年の間に捕獲されたドワーフミンククジラ16個体のうちの第1頭目（1988年；体長7.01m，雄）の全身骨格標本が展示されている。この標本は2010年12月，研究の終了に伴い調査主体の(財)日本鯨類研究所より本学海洋科学部付属水産資料館へ寄贈された。研究過程においては，(独)水産総合研究センター遠洋水産研究所(当時)の多大な協力も得た。全身骨格標本としてはわが国で唯一のものである。

（東京海洋大学鯨ギャラリー展示パンフレットより引用）

---

1) Kato, H. and Fujise, Y. 2000. Dwarf minke whales; Morphology, growth and life history with some analyses on morphometric variation among the different forms and regions. Paper SC/52/OS3 presented to the Scientific Committee. June 2000 (unpublished). 30 pp.

ナガスクジラ

ナガスクジラの外部形態は左右の体側で異なる

(英名)fin whale：シャープで美しい背鰭の形状に由来する。欧米ではrorqualとよばれることもある。

(学名)*Balaenoptera physalus*：種小名はナガスクジラ科特有の咽頭部の畝とよばれる部分が大きく膨らむことにちなんでいると思われる。

(和名)和名表記では"長須"とも書く，学名同様に咽頭部の畝に由来している。古名はノソ。

成体サイズ(体長，体重)：[北半球]雄18.8m，40t；雌20.0m，43t［南半球］雄20.6m，52t；雌22.2m，59t。

分布：赤道海域を除く，両半球全体に広く分布している。冬季は低緯度海域に，夏季には高緯度海域に回遊するものの，シロナガスクジラのように氷縁海域に至ることはない。本来外洋性だが，日本海や東シナ海では日本沿岸に近づくこともある。

食性：海域によって異なるが，群集性の小型魚類とオキアミ類が主要な餌生物である。

● ナガスクジラの形態

シロナガスクジラにつぐ大型鯨であり，高度に適応したもっともヒゲクジラらしい体型を備えている。基本的な体色は背部が濃い青黒色(ミッドナイト色)で腹部は白い。頭部下顎部の体色パターンが左右非対称で本種の大きな特徴となっている。右側の上顎は背部体色のままであるが，下顎上縁部は腹部と同じ白色である一方，左側の下顎上縁部は背部体色と同じ青黒色の配置となっている。同様に，右側クジラヒゲ列外縁の色彩は前端部から30％程度まではクリーム色，それ以降は黒色となっている。両目の後方から背部噴気孔後方にかけてV字状の淡灰色のラインが走っており，遊泳時にも確認できる。咽下の畝は50～60状前後で後端は臍に達している。

● ナガスクジラの資源量

全域における資源量は不明。北大西洋海域には少なくとも30,000～35,000頭程度が生息。日本近海の資源量は明らかではないが，最近の研究によると夏季のオホーツク海には5,000頭程度が生息しているものと考えられている(加藤渓ほか，2009)。

イワシクジラとニタリクジラ

両種は従来同一種とみなされていたが，1953年，旧鯨類研究所の研究により，別種であることが判明した。

● イワシクジラ

（英名）sei whale：seiはノルウェー語で，スケトウダラを大きくしたような魚の名前。この魚とよく一緒に泳いでいることに由来する。

（学名）*Balaenoptera borealis*：種小名は最初に記載された海域（南氷洋）ではより北方に分布する（北の意味）が，実際はイワシクジラは中緯度に分布する。

（和名）日本ではイワシとともに遊泳することが多いためこの名称が用いられている。このイワシという名称は当初南方系のイワシクジラに対して与えられたものだが，その後発見された北方系のイワシクジラにも同名が与えられた。しかし後に南方系のイワシクジラが別種のニタリクジラとして分離されたが，北方系のイワシクジラの名称はそのまま引き継がれた。

成体サイズ（体長，体重）：[北半球]雄14.0m，15.9t；雌14.8m，17.8t[南半球]雄14.7m，18.5t；雌15.5m，20.4t。

分布：中・高緯度帯で，極域には至らない。

食性：未成熟個体はコペポーダなどを食べ，成体になると小型群集性魚類（カタクチイワシなど）へ移行するようだ。

● イワシクジラの資源量

北西太平洋で68,000頭（95％ CI，31,000〜149,000）。

● ニタリクジラ

（英名）Bryde's whale：Brydeはノルウェー人の捕鯨家の名前。

（学名）*Balaenoptera edeni*：種名はタイプ標本が漂着したビルマの英国総督の名前に由来。

（和名）イワシクジラでありながら，ナガスクジラに似た背鰭をもち，かつ噴気をはくことに由来。

成体サイズ（体長，体重）：[北半球]雄12.8m，13.0t；雌13.2m，14.1t[南半球]雄13.0m，13.6t；雌14.0m，16.8t。

分布：±40°で，夏も分布が変わらない。ふつうヒゲクジラ類は赤道を挟んで分かれて分布するが，ニタリクジラは両半球の分布域が重複する。ただし，季節回遊が半年ずれるので，両グループが交わることはない。

食性：主に小型群集性魚類を主食とし，オキアミ類なども食べる。

● ニタリクジラの資源量

北太平洋西部域で21,000頭（95％ CI，11,000〜38,000）。

● **イワシクジラとニタリクジラの形態の違い**

　体長はイワシクジラのほうがニタリクジラより1.5 m程度大きい。以下に示すように，外見上の違いは畝の長さ（畝で広がる面積はニタリクジラ＞イワシクジラとなる），副稜線の有無，背鰭の形状にみられる。

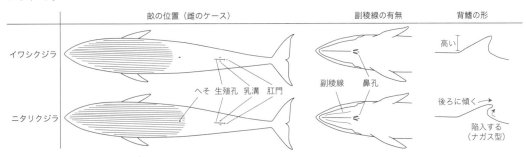

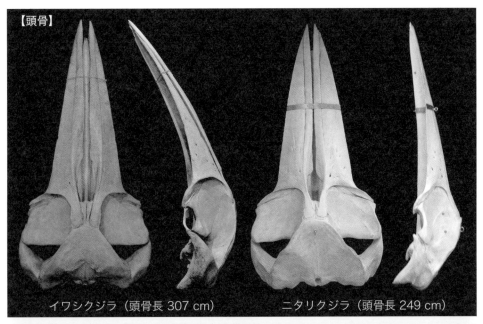

【頭骨】
イワシクジラ（頭骨長 307 cm）　　ニタリクジラ（頭骨長 249 cm）

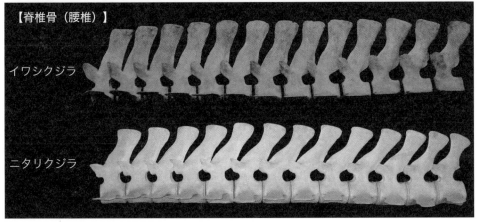

【脊椎骨（腰椎）】
イワシクジラ
ニタリクジラ

● イワシクジラとニタリクジラの食性の違い

ニタリクジラのほうが畝をよく使っており，クジラヒゲの形状からも食い分けをしているのではないかと考えられる。これは生息域の適性海水温の違いとも整合する。

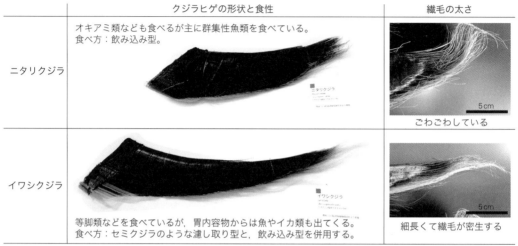

	クジラヒゲの形状と食性	繊毛の太さ
ニタリクジラ	オキアミ類なども食べるが主に群集性魚類を食べている。食べ方：飲み込み型。	ごわごわしている
イワシクジラ	等脚類などを食べているが，胃内容物からは魚やイカ類も出てくる。食べ方：セミクジラのような濾し取り型と，飲み込み型を併用する。	細長くて繊毛が密生する

（写真はいずれも東京海洋大学マリンサイエンスミュージアム提供）

● 海域によって異なるニタリクジラの体長

海域によって大きく変わるニタリクジラの体長
※2003年，ソロモン産のものは新種ツノシマクジラとされた。

北半球産の体長(m)				南半球産の体長(m)			
海域		雄	雌	海域		雄	雌
東シナ海		12.2	12.2	東大西洋		—	14.3
（沿岸）	太地沖	12.8	13.1	南アフリカ	沖合	13.1	14.6
	三陸沖	12.5	13.1		沿岸	13.1	13.7
西部北太平洋沖合		13.0	13.5	マダガスカル		12.8	13.1
				ナタール		12.5	13.1
				東インド洋		12.8	12.8
				西太平洋		13.7	14.0
				ペルー沖		12.5	13.1
				ソロモン※		10.1	11.6

ツノシマクジラ

(英名) Omura's whale
(学名) *Balaenoptera omurai*：旧鯨類研究所元所長の故 大村秀夫博士の名にちなむ。
(和名) 本種のホロタイプが採集された地(山口県角島)にちなむ。

● 近年登録されたばかりの新種

1998年9月，山口県豊浦郡豊北町の角島沖で漁船と衝突し死亡した個体をもとに外部形態，骨格，mtDNAに基づく研究が行われた。その結果，この個体がナガスクジラ科の未知の種であることが明らかとなり，2003年に科学誌Natureに新種として発表された(Wada *et al.*, 2003)[1]。

● ツノシマクジラの形態

外部形態についてはほぼ明らかになっておらず，遊泳時の識別は困難である。ナガスクジラに類似し，体色は左右非対称で左胸部は黒く，胸鰭の前縁および裏側は先端から付け根まで白い。畝は全部で90本近くあり，へそ後方まで発達している。クジラヒゲは200枚程度で，色彩は左右非対称である。右列前方の3割が黄白色，中間の5割が黄白色と黒色のツートンカラー，後方の2割は黒色だが，左列の前方は黄白色と黒色のツートンカラーで始まる。頭骨形態では上顎骨外縁部は丸みをおびており，頭頂骨が前頭骨の眼窩上突起の後内側上で半円状に発達していることも特徴である。骨盤痕跡(寛骨)の形状が他種と著しく異なっており，本種の発見につながった。mtDNAの調節領域を用いた遺伝学的な解析によると，同属種との塩基の違いはニタリクジラとイワシクジラの間の違いよりも2～3倍も大きい。

● 明らかになっていない生態

標本が少ないことに加え，ニタリクジラとの混同などにより詳しい生態は明らかになっていないが，成体体長はおよそ12m以下であり，日本海，ソロモン海，ココス諸島近くの東部インド洋などに分布していると考えられている。

---

1) Wada, S., Oishi, M. and Yamada, T. K., 2003. A newly discovered species of living baleen whale. Nature, 426: 278-281.

セミクジラ

2000年より，従来全世界同一とされてきたセミクジラが，キタタイセイヨウセミクジラ，セミクジラおよびミナミセミクジラの3種に区分された。

（英名）North Pacific right whale：北太平洋の正しい（＝捕鯨対象として）クジラ。

（学名）*Eubalaena japonica*：Euはまさに，正しいの意味，balaenaはクジラのこと。種小名の*japonica*は日本の意味で，日本で捕獲されて明らかになったため。

（和名）浮上したときに水滴がはじけるように散る様子，また背鰭がなく丸々とした背面であることに由来。セミを漢字で書くと背美とするのが通説であるが，本来は背乾が正しいと考えられる。

成体サイズ（体長，体重）：雄16.0m，55.0t；雌16.5m，60.0t。

分布：赤道を除く，中・高緯度帯まで。南半球では南極収束線を越えない。極域には分布しない。

食性：コペポーダなどの小型甲殻類。

● セミクジラの資源量

オホーツク海で920頭（95% CI，400〜2,100）。

● セミクジラの繁殖方法

セミクジラは1頭の雌に多数の成熟雄が連続的に交尾を行い，精子レベルでの淘汰を行う。一方，ハクジラ類のマッコウクジラでは個体レベルの淘汰がある（マッコウクジラの項，57ページを参照）。

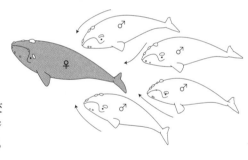

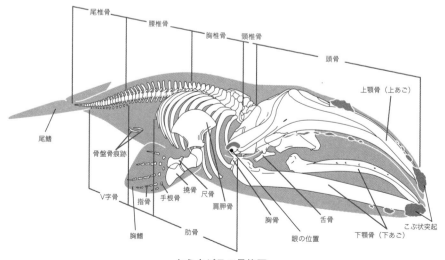

セミクジラの骨格図

● クジラヒゲの利用方法

かつて，欧米ではコルセット，ペチコートの骨，傘の骨に，日本では釣り竿の穂先，からくり人形のぜんまい，騎馬武者のほろなどに使われた。

● セミクジラの特徴

セミクジラはヒゲクジラ亜目セミクジラ科に属する大型の鯨類である。2000～2001年にかけてIWC科学委員会で行われた鯨類の分類再編では，セミクジラは北太平洋特産種のみを指すこととなった[※]。

ヒゲクジラ類では通常，雌が雄よりも大きく，セミクジラの雌は最大で体長18m(雌，体重70t)にも達するが，雄はこれより1mほど小さい。ずんぐりとした体型が特徴で，頭部は体長の30％以上もある。上顎は大きく湾曲し，下顎の唇もこれに沿って大きく上方にせり出している。頭部を前面から見ると上顎を頂点としたほぼ正三角形をしており，上顎と下顎には角質のコブ状隆起列が並び，上顎の先端には"ボンネット"とよばれる大きなコブがある。噴気孔(鼻の穴)や目の周辺にもコブがあり，これらの部分にはクジラジラミ等の外部寄生虫が多数寄生している。背鰭はなく，浮上したときには小山のような背中が浮かび上がり，この様子が"背中が美しい(背美：セミ)"もしくは"水がはじけるようで背中が乾きあがる(背乾：セビ)"が本種和名の語源になっている。胸鰭は幅広く，全身が黒色であるが，へそまたは喉を中心に不整形の白斑がある。ナガスクジラなどの喉から胸にかけてみられる畝はない。

上顎にはクジラヒゲとよばれる細長い三角形状の餌濾過板が両側に下向きに付属している。片側210～270枚もあり，最長部では長さ3m近くにもなる。このクジラヒゲは上顎から下向きに櫛状に並んでいて，内縁の繊維がささくれて繊毛状になり，この繊毛が重なり合いザルの目のようになってい

口を大きく開いて泳ぐセミクジラと，体長3mmほどの主要餌生物コペポーダ(ともにPCCS提供)

餌を濾し取りながら食べるセミクジラ
口を開けながら泳ぎ，水中のプランクトンを濾し取る。

る。セミクジラは前ページの図のように大きな口を開けながら泳ぎ，プランクトンネットのようにこのクジラヒゲにかかるコペポーダなどの小さな餌生物を濾し取って食べている。

東シナ海，日本海，オホーツク海，北太平洋中・北部，ベーリング海南部，アラスカ湾，カリフォルニア半島南部に分布するが，明瞭な季節回遊がみられ，冬季は中緯度で繁殖し，夏季には高緯度のオホーツク海やベーリング海へ移動して摂餌を行う。

セミクジラは体も大きく多量の脂肪を含むため，捕獲後も水面に浮き，太古より先住民の捕鯨の対象となってきた。わが国では古式捕鯨の主要対象種であったが，アメリカ式捕鯨等の欧米帆船式捕鯨が日本近海へ進出して大量捕獲を行い生息数は著しく減少した。1937年以降国際的に保護されているが，未だに目立った回復はみられない。2000年時点の西部北太平洋域の生息頭は1,000頭弱程度と推定されているが，実際にはこの頭数よりは多いものと考えられる。東部海域には推定可能なデータがない。

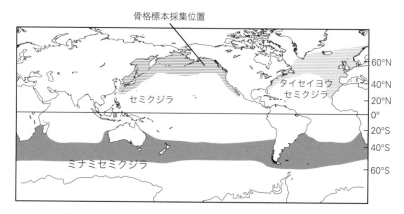

セミクジラ（北太平洋産），タイセイヨウセミクジラ（北大西洋産）およびミナミセミクジラ（南半球産）の分布範囲
Kenny(2002)を改編。

● 東京海洋大学鯨ギャラリーに展示されているセミクジラ全身骨格

本骨格は，国際捕鯨取締条約第8条に基づいて行われた日本政府による科学研究目的の特別調査（1956～1968年に実施）の下で採捕されたセミクジラの全身骨格である[**]。同調査で捕獲された計13頭のうちの最大個体で，体長は17.1 m，体重は67.2 tにおよび，完全な骨格標本としては世界最大級である。

1961年8月にアラスカ半島コディアック島南方60海里沖で発見された大型の雄で，頭骨の全長は5.1 m（体長の30％）に達し，上顎は細長く大きく上方に湾曲して本種の特徴がよく現れている。脊椎骨は頸椎7，胸椎14，腰椎10，尾椎25の計56個であるが，頸椎はすべて癒合して一体化している。本種の胸鰭部分は上腕部がかなり短いことが特徴で，指は5列ある。肋骨の基部は基本的に双頭状で胸椎と独特の関節様式をとっている。尾椎の腹側には計18対のV字骨が付属していて強靭な尾部を支え，腰椎後部の腹側中空には痕跡的骨盤骨と退縮した大腿骨があり，遠い祖先が陸上で歩行してい

---

[*] 鯨類は現在89種，ヒゲクジラ亜目（4科14種）とハクジラ亜目（10科75種）に大別される。ヒゲクジラ亜目セミクジラ科には，セミクジラのほかに南半球産のミナミセミクジラ（*Enbalaena australis*）と北大西洋産のキタタイセイヨウセミクジラ（*E. glacialis*）がいる。
[**] 学術的には以下に報告されている：Omura, H., Ohsumi, S., Nemoto, T., Nasu, K. and Kasuya, T. 1969. Black right whale in the North Pacific. *Sci. Rep. Whales Res. Inst.*, 21: 1–78.

鯨類の世界

捕獲時のセミクジラ展示個体
1961年8月，コディアック島南岸沖。捕鯨母船・極洋丸甲板上（(一財)日本鯨類研究所 蔵・大隅清治博士 撮影）。
性別：雄，体長：17.1 m，体重：67.2 ton，標本番号：No. 61A
採集日時：1961年8月22日9時35分
採集位置：北緯55度54分，西経153度04分
捕獲船：極洋丸船団所属捕鯨船第17利丸

たころのなごりをとどめている。

　本骨格は，調査を実施した鯨類研究所（現（一財）日本鯨類研究所）から1965年に東京海洋大学の前身である東京水産大学に寄贈され，1971年からは同年に開館した水産資料館横に展示されていた。2003年，東京水産大学は東京商船大学と統合して東京海洋大学となり，翌2004年には国立大学法人へ移行するなど大きな変革期をむかえ，これを機に学術的にきわめて貴重なこの標本をより広範に公開するため，本骨格の修復・保存処理と展示建物の改修を行い「鯨ギャラリー」として整備した。

（東京海洋大学鯨ギャラリー展示パンフレットより引用）

コククジラ

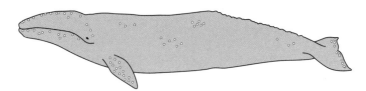

(英名) gray whale：体色に由来する。
(学名) *Eschrichtius robustus*：属名は動物学者Eschrichitの名前，種小名は立派，たくましいの意味。
(和名) コクは体が小さいことに由来しているようだ。
成体サイズ(体長，体重)：雄13.0 m，22.0 t；雌14.1 m，35.0 t。
分布：北太平洋の特産種で，水深200 m以浅の沿岸域に分布する。バハカリフォルニアで繁殖し，ベーリング海，チュクチ海で索餌する東部系群(カリフォルニア系群)と，中国海南島周辺で繁殖し，カラフト東岸沖で索餌する西部系群(アジア系群)に分かれる。
食性：底生性のベントスを食べる。とくに群集性の端脚類を好むといわれている。大きなクジラヒゲで海底上の土を掘り起こし，餌生物を食べる。
形態的特徴：体表にフジツボやクジラジラミが多数寄生しており，頭部はとくにはなはだしい。

● コククジラの資源量

東部系群は19,000頭(95％CI，17,000〜22,000)で，環境収容量いっぱいにまで回復した。西部系群は121頭(95％CI，112〜130)程度と推定され，絶滅の危機にある。

● 性状態によって違いのある回遊パターン

東部系群では，冬期にメキシコのバハカリフォルニアの浅い海で出産や交尾が行われる。繁殖期が終わると北上回遊に移るが，その順序は①妊娠した雌，②大人の雄と雌(妊娠はしていない)，③未成熟個体，④親子連れとなる。北方のベーリング海やチュクチ海で餌を食べ，秋になると南下回遊が始まり，①出産間近の雌，②子供を離乳した雌，③未成熟雌，④成熟雄，⑤未成熟雄の順で回遊する。

以上のように，コククジラは北太平洋の東西に別々の系群が存在すると認識されているが，2011

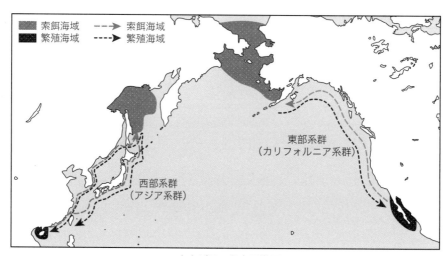

コククジラの分布回遊図

年から2012年にかけて実施された衛星追跡調査ではサハリン東岸沖で標識された個体がバハカリフォルニアにまで移動することが示され(Mate *et al*., 2012)，大きな話題をよんでいる。

● 東京海洋大学鯨ギャラリーに展示されているコククジラ(アジア系群)

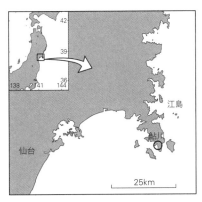

本個体の採集位置

コククジラはヒゲクジラ亜目コククジラ科の唯一の種であり，現生種は北太平洋のみに生息する。体長は，雄13m，雌14mに達し，最長寿命は70歳程度と推定される。ハクジラ類も含め，もっとも沿岸性の強い種の一つであり，冬季には低緯度海域に繁殖回遊，夏季には高緯度海域へ索餌回遊する。北太平洋の東西に明瞭に分離した2系群が認められ，北米側のカリフォルニア系群(東部系群)は冬季にバハカリフォルニアで繁殖し，夏季にはベーリング海チュクチ海へ索餌回遊する。かつては甚だしく資源が減少したが，現在ではほぼ満限状態の19,000頭(95% CI, 17,000〜19,000)にまで回復している。一方，アジア側に生息するアジア系群(西部系群)は冬季に中国海南島周辺で繁殖，夏季にはオホーツク海に索餌回遊し，わが国周辺には索餌回遊，繁殖回遊の途上にごくまれに出現する。資源量推定値はわずか121頭(95% CI, 112〜130)であり，全鯨類86種のなかでは最も絶滅の危機に瀕する鯨種系群の一つである。

展示個体は，2005年7月15日に宮城県女川町江島沖(38°23′19″N〜141°36′135″E)の大型定置網に混獲された親子連れの母鯨で，体長は12.79m，記録上では戦後出現した最大の個体であり，現在国内に所蔵されているその他のアジア系群コククジラ骨格(全身骨格はいずれも未成熟)を大きく上まわっている。水産庁および宮城県の要請により，混獲当初よりその稀少性に鑑み東京海洋大学と

調査前のコククジラ個体(日本鯨類研究所 撮影)

鯨ギャラリーでのコククジラ骨格標本

(一財)日本鯨類研究所が学術調査にあたり，東京海洋大学が農林水産大臣への届け出を経て2頭の所持許可を取得した．本系群のレンジステイトにあたる中国，韓国，ロシアにはコククジラの成体全身骨格標本はなく，米国には1912年に朝鮮半島蔚山で採集された体長12m程度の雄成体骨格2個体が保存されているほかは成体全身骨格の存在は確認できない．したがって，現在では唯一のアジア系群コククジラ雌成体骨格標本と認識される．同時に採集された仔鯨(体長7.75m,雌)の全身骨格は2009年の学術調査終了に伴い宮城県石巻市へ所持変更され，同市鮎川浜の牡鹿ホエールランドに展示されている※．

※ 2011年3月11日の東日本大震災で標本が被災し，2016年9月時点においても市の管轄下にある施設に仮収蔵されている．

ザトウクジラ

(英名) humpback whale：こぶのある背をもつクジラの意味。

(学名) *Megaptera novaeangliae*：属名はMegaは長大な、pteraは翼、すなわち胸鰭を意味し、種小名は最初に記載されたニューイングランドを示す。

(和名) 座頭、つまり「あんま」を意味する。腰高に潜るようすが腰を曲げて歩いている姿の「あんま」を連想させたため。

成体サイズ（体長，体重）：[北半球]雄13.3 m, 29.9 t；雌13.8 m, 33.4 t [南半球]雄13.0 m, 27.9 t；雌13.8 m, 33.4 t。

分布：赤道海域を除き、極域付近にまで分布する。特徴的な尾鰭の模様と形状による個体識別の結果、鯨類のなかではもっとも回遊パターンがわかっている種である。

食性：オキアミ類や小型群集性魚類を食べる。

形態的特徴：頭部と胸鰭にフジツボが寄生する。

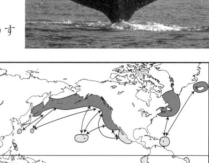

ザトウクジラの回遊
小笠原海洋センター（2000）より。

● ザトウクジラの資源量

西部北大西洋で11,600頭（95％CI，10,000～13,500），南緯60°以南の南半球で42,000頭（95％CI，34,000～52,000），北太平洋では22,000頭（95％CI，19,000～23,000）。近年増加が著しく，南極海の一部（インド洋，オーストラリア南方）で年率16％で上昇している（Matsuoka *et al.*, 2011）。

● ザトウクジラの繁殖

1頭の雌に対してエスコートとよばれる雄が数頭追尾し，交尾の機会をうかがい，この雄間の闘争に勝った個体が交尾に至ると思われる。

● 多様な行動

ザトウクジラの行動はきわめて多様で，繁殖もヒゲクジラ類のなかではもっとも目立ちやすい。

共通行動：
　①尾鰭を揚げる（フルークアップダイブ）→ 深潜水時には尾鰭を揚げてから潜る。
　②偵察（スパイホッピング）→ 水面上に頭部を垂直に出し，陸地や対象物を確認するとともに，両眼で見ることにより距離を測る。本書裏表紙の写真も参照。

③ 跳躍（ブリーチング）→ 水面上に飛び上がる。もっとも多いタイプは、半身をひねりながらの後ろ宙返り。コミュニケーションやアピールのためといわれている。本書裏表紙の写真も参照。

繁殖期の行動：交尾をめぐるさまざまな行動
① 水面を胸鰭や尾鰭，時には頭部全体でたたく → 雄同士の牽制
② 直接的体当たり → 雄同士の直接闘争
③ エスコート集団の形成 → 離乳近い大きな子供を連れている雌に数頭の成熟雄がつき従う。交尾のチャンスをうかがいながら，互いがしのぎをけずっている。強い遺伝子を残すための自然淘汰の働きがある。
④ ソングとよばれる特殊な鳴音 → 交尾相手を求める雄の鳴音。旋律を伴う特殊なラブソング。

索餌期の行動：摂餌をめぐるさまざまな行動
① バブルネットフィーディング → 水中で排気を行いながら泡を発生させ，餌集団をつつみ込む特殊な摂餌行動（16ページ参照）。

● 回復が進むザトウクジラ

　ザトウクジラ資源はかつての乱獲により減少していたが，近年では各海域で急速に回復がすすんでいる。以下は，それらの観察例である。左図はライントランセクト法（91ページ参照）準拠の鯨類目視データシリーズ（南極海鯨類捕獲調査；JARPA）によって解析された南極海第Ⅳ区（南緯60°以南，東経70°～130°の海域）におけるザトウクジラ資源量とその変遷，右図は個体識別（尾鰭腹側を識別指標）データシリーズ（沖縄美ら海水族館・東京海洋大学共同研究）をベースに標識再捕法によって解析されたザトウクジラ資源量とその変遷を示している。年間増加率は，南極海で見かけ上16％，沖縄海域で11％に達しており，ともに2000年以降急速な増加が認められる。ただし，実際の増加に加え調査海域への移入の経年的増加があると思われ，増加傾向が強調されているとみられる。

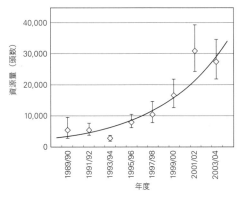

南極海第Ⅳ区におけるザトウクジラ資源の変遷
◇は最良推定値，バーは95％信頼区間を示す。
Matsuoka et al.（2011）[1]を改編。

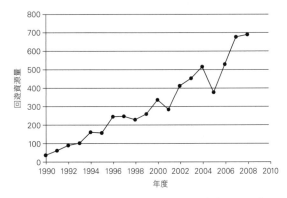

沖縄本島周辺海域におけるザトウクジラ回遊資源量の変遷
Jolly-SeberとChapman-Peterson方式の複合型標識再捕法によって推定。南極海同様に2000年以降の増加が著しい。
鈴木（2012）[2]を改編。

---

1) Matsuoka, K., Hakamada, T., Kiwada, H., Murase, H. and Nishiwaki, S. 2011. Abundance estimates and trends for humpback whales in the Antarctic Areas IV and V based on JARPA sighting data. J. Cetacean Res. Manage. (Special issue), 3: 75-94.
2) 鈴木信行. 2012. 沖縄海域におけるザトウクジラ個体群の分析. 平成23年度東京海洋大学海洋科学部卒業論文. 55 pp.

ハクジラ類の分類

● ハクジラ亜目

（英名）toothed whale：歯のあるクジラの意味。

（ラテン名）Odontoceti：Odontoは歯，cetiはクジラの意味。

マッコウクジラ科

（ラテン名）Physeteridae：噴気孔の中の鼻道を表すパイプの意味。

ハクジラ類中最大で，マッコウクジラ属の1属のみで構成される。マッコウクジラの雄では平均で16mにまで成長する一方，雌は11mに満たない。コスモポリタン種（全世界に広く分布している）で，雌と子供の繁殖集団や発育段階別の雄集団などに分かれ，社会性が高いことが特徴。

コマッコウ科

（ラテン名）Kogiidae：動物学者Cogiaの名に由来する。

従来，マッコウクジラ科に包括されていたが，近年別科として区分されるようになった。コマッコウ（*Kogia breviceps*）とオガワコマッコウ（*K. sima*）が属し，体型はマッコウクジラに似るが小型（1.6～2m）で，明瞭な背鰭がある。1属2種からなる。

カワイルカ類4科

淡水域に適応したハクジラ類の総称。ユーラシア，南米大陸の主要大河に生息する。従来は，カワイルカ科1科に統合されていたが，現在ではカワイルカ科〔インドカワイルカ（*Platanista gangetica*），1種2亜種〕，ヨウスコウカワイルカ科（1種），ラプラタカワイルカ科〔ラプラタカワイルカ（*Pontoporia blainvillei*）1種〕，アマゾンカワイルカ科〔アマゾンカワイルカ（*Inia geoffrensis*）1種〕の4種に再区分された。ヨウスコウカワイルカ（*Lipotes vexillifer*）は絶滅の危機にあり，IUCN（世界野生生物保護連合）は2007年に機能的絶滅宣言を出した。それぞれ1科1属からなる。

マイルカ科

（ラテン名）Delphinidae：ラテン語でイルカの意味。

マイルカ科は，ハクジラ類のみならず鯨目のなかでもっとも大所帯のグループであり，2006年に認識された新種2種を含め計17属37種がこのグループに属している。もっともイルカらしいマイルカ（*Delphinus delphis*）やハンドウイルカ（*Tursiops truncatus*），さらに中型種のゴンドウ類（コビレゴンドウ（*Globicephala macrorhynchus*）やハナゴンドウ（*Grampus griseus*）など）やシャチ（*Orcinus orca*）もこのグループに属している。一般的に群集性で，本科の中型種は社会性も高い。

アカボウクジラ科

（ラテン名）Ziphiidae：Ziphiiはギリシャ語で剣に由来し，このグループの特徴的な吻の形にちなむ。

アカボウクジラ科（6属22種）は，マッコウクジラに次ぐ大型ハクジラグループである。生息数もかなり多いが，用心深く接近が難しい。座礁個体でしか知られていない種類もある。体長が6～12mであることから本科を総称して中型鯨類とよぶ場合もある。イカ類を好むが，全般的に歯が退化していて，タスマニアクチバシクジラ（*Tasmacetus shepherdi*）を除き数対しかない。

ネズミイルカ科

(ラテン名)Phocoenidae：ギリシャ語のイルカに由来する。

ネズミイルカ科は，吻のない文字どおり横から見るとネズミ顔の種類があることから，この呼称が用いられている。北太平洋寒冷域ではもっとも生息数の多いイシイルカ(*Phocoenoides dalli*)や沿岸性のネズミイルカ(*Phocoena phocoena*)など3属7種がいる。カリフォルニア湾に生息するコガシラネズミイルカ(*P. sinus*)は絶滅の危機に瀕している。

イッカク科

(ラテン名)Monodontidae：1本の角の意味。

上顎の歯が角のように伸びたイッカク(*Monodon monoceros*)と北極海などの寒冷域にすむシロイルカ(*Delphinapterus leucas*)(ベルーガともよぶ)の2属2種で本科が構成されている。

ハクジラ類の体のつくり

● 体の形と雄雌の違い

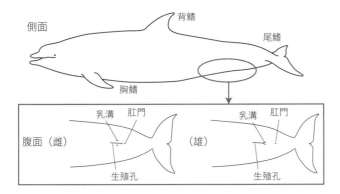

● ハンドウイルカ頭骨（頭骨長48.5cm）

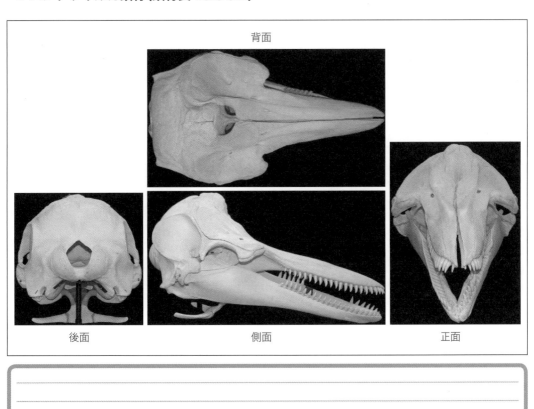

● マッコウクジラ骨格（体長1,300 cm，頭骨長341 cm）

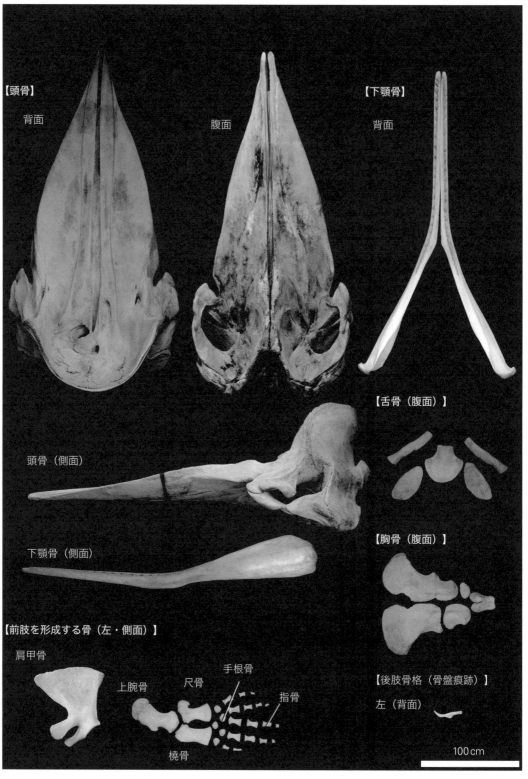

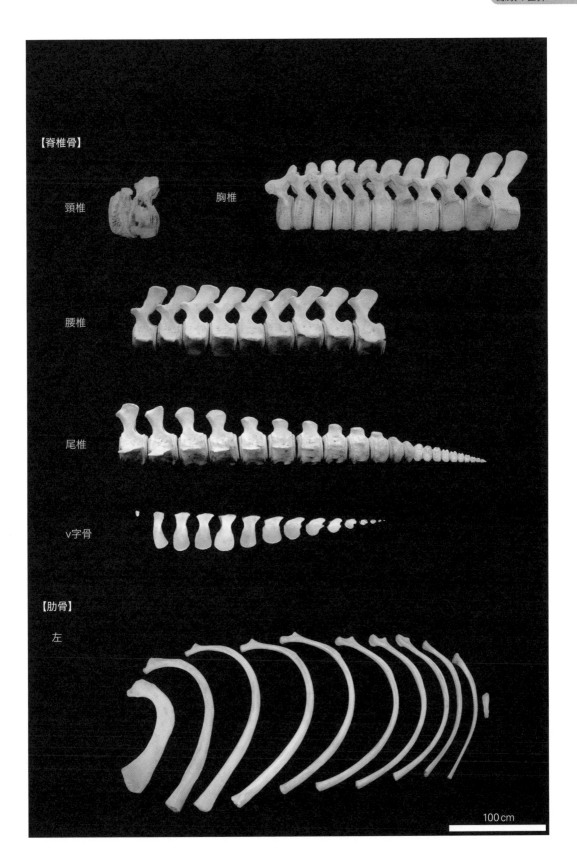

ハクジラ類の年齢査定

ハクジラ類の年齢査定は，歯牙断面の象牙層に形成される成長層をカウントすることにより行う。

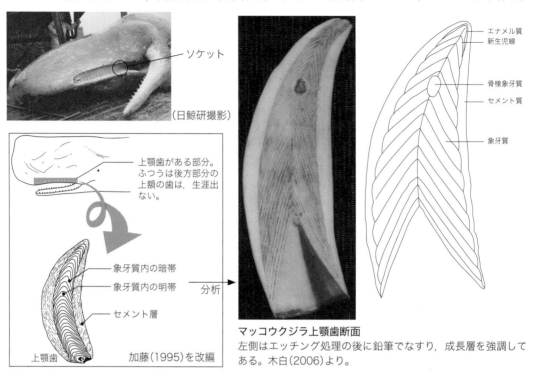

マッコウクジラ上顎歯断面
左側はエッチング処理の後に鉛筆でなすり，成長層を強調してある。木白(2006)より。

ハクジラ類のエコロケーション

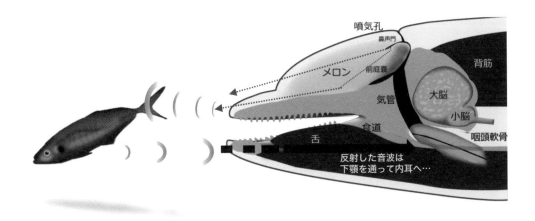

ハクジラ類の頭部の構造とエコロケーションのしくみ
鼻声門を振動させることで音波を出し,跳ね返ってきた音波を下顎骨後部の薄い部分(聴覚窓)を経由して内耳で聞くことで,対象の距離,質などを知ることができる。

鳥羽山鯨類コレクション

　鳥羽山鯨類コレクションとは小型鯨類骨格標本群と，鯨類をはじめとする海洋生物のミニチュア模型の総称である。小型鯨類骨格標本群はわが国の鯨類飼育のパイオニアであり，東京水産大学（東京海洋大学の前身）の卒業生でもある故 鳥羽山照夫博士により収集されてきたものである。同氏は鴨川シーワールドに館長として就任以来，同館で飼育繁殖した個体をはじめ，野外調査において収集された鯨類の骨格標本収集に尽力されてきた。また，海洋生物のミニチュア模型は彫刻家の故 高橋俊男氏により製作されたもので，1/25スケールの鯨類全86種（当時：現在では89種とされている）のミニチュア模型をはじめ，鰭脚類，ムカシクジラ亜目，魚類，鳥類，そのほか哺乳類など計427点におよぶ。鳥羽山氏の意志を継ぎ，これらの学術的資産をより効果的に活用するため，平成21年9月，鴨川シーワールドの荒井一利館長（当時）から東京海洋大学に「鳥羽山鯨類コレクション」として寄贈いただいた。本コレクションはカマイルカ，ハンドウイルカなどの比較的身近な種からイチョウハクジラやアマゾンカワイルカなどの貴重な標本まで6科22種113個体から構成されている（表）。現在東京海洋大学の学生，院生がこれらの標本を用いて研究を行っている。なお，これらの標本をとりまとめたものが「鳥羽山鯨類コレクション～東京海洋大学所蔵鯨類骨格標本の概要～」（生物研究社，2014年）として出版されている。

展示されているミニチュア模型

大学のイベントでのハクジラの展示解説

鯨類の世界

科名	学名	種名	全身骨格	全身（頭部なし）	頭骨のみ	総計
マイルカ科	Delphinus delphis	マイルカ	1	2	3	6
	Grampus griseus	ハナゴンドウ			1	1	2
	Lagenodelphis hosei	サラワクイルカ	1			1
	Lagenorhynchus obliquidens	カマイルカ	1	4	35	40
	Lissodelphis borealis	セミイルカ	2		1	3
	Orcinus orca	シャチ	5			5
	Peponocephala electra	カズハゴンドウ			1	1
	Pseudorca crassidens	オキゴンドウ			3	3
	Stenella attenuata	マダライルカ	1	1	1	3
	Stenella coeruleoalba	スジイルカ	1		6	7
	Steno bredanensis	シワハイルカ	1		2	3
	Tursiops aduncus	ミナミハンドウイルカ			4	4
	Tursiops truncatus	ハンドウイルカ	1	1	15	17
アマゾンカワイルカ科	Inia geoffrensis	アマゾンカワイルカ	1			1
コマッコウ科	Kogia breviceps	コマッコウ		1	2	3
イッカク科	Delphinapterus leucas	シロイルカ	1	1		2
ネズミイルカ科	Neophocaena asiaeorientalis	スナメリ	2		1	3
	Phocoena phocoena	ネズミイルカ	1		1	2
	Phocoenoides dalli	イシイルカ	2		1	3
アカボウクジラ科	Berardius bairdii	ツチクジラ			2	2
	Mesoplodon ginkgodens	イチョウハクジラ	1			1
	Ziphius cavirostris	アカボウクジラ			1	1
総計			22	11	80	113

ハクジラ類の頭骨の多様性 〜鳥羽山鯨類コレクションより〜

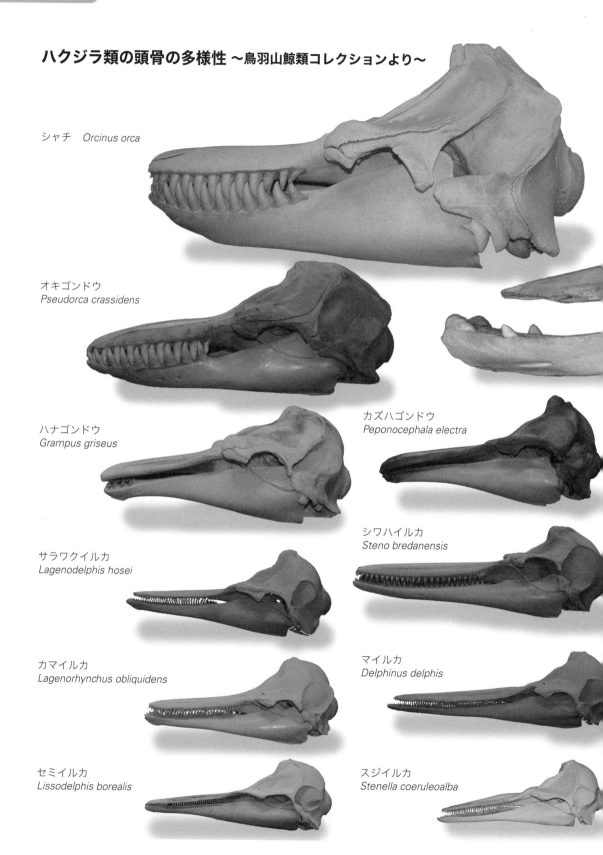

シャチ　*Orcinus orca*

オキゴンドウ
Pseudorca crassidens

ハナゴンドウ
Grampus griseus

カズハゴンドウ
Peponocephala electra

サラワクイルカ
Lagenodelphis hosei

シワハイルカ
Steno bredanensis

カマイルカ
Lagenorhynchus obliquidens

マイルカ
Delphinus delphis

セミイルカ
Lissodelphis borealis

スジイルカ
Stenella coeruleoalba

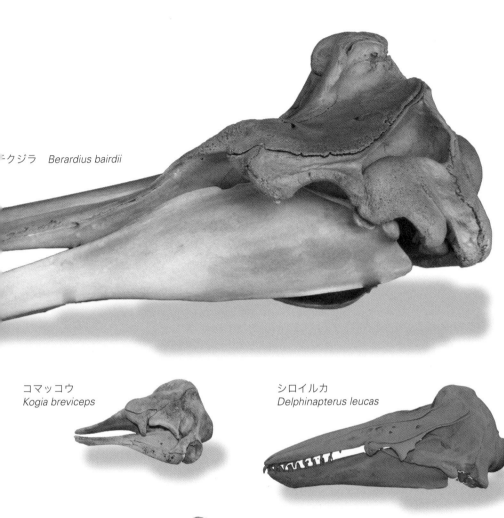

ツチクジラ　*Berardius bairdii*

コマッコウ
Kogia breviceps

シロイルカ
Delphinapterus leucas

アマゾンカワイルカ
Inia geoffrensis

ネズミイルカ
Phocoena phocoena

イシイルカ
Phocoenoides dalli

スナメリ
Neophocaena phocaenoides

50 cm

（撮影：高橋 萌・福本 愛子・中村 玄）

ミニチュアモデル（1/25スケール）〜鳥羽山鯨類コレクションより〜

ヒゲクジラ類

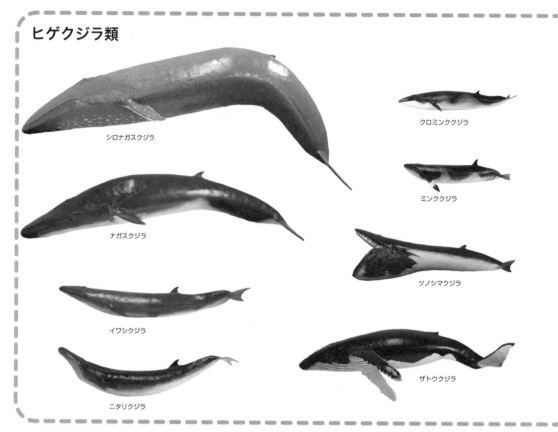

ハクジラ類

鯨類の世界

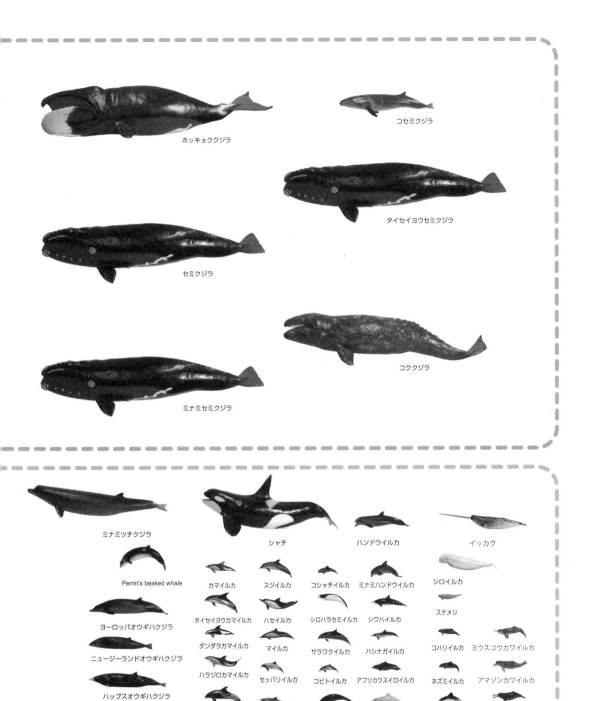

(©東京海洋大学マリンサイエンスミュージアム)

マッコウクジラ

（英名）sperm whale：頭部内部にある脳油の様態が精液に似ていることに由来する。

（学名）*Physeter macrocephalus*：*Physeter* はパイプの意味で，長い鼻道に由来する。種小名は長大な頭の意味。

（和名）腸内産物である龍涎香からお香を精製したことに由来するらしい。

成体サイズ（体長，体重）：雄16.0 m, 44.5 t；雌12.0 m, 18.8 t。

分布：赤道直下から極域付近にまで広く分布する。

食性：深海性のイカ食性に特化しているが，メヌケなどの底生性魚類も食べる。

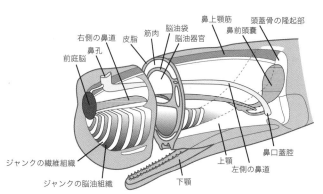

頭部内部構造
加藤（1995）を改編。

● マッコウクジラの資源量

北西太平洋海域で10万頭以上。全世界では100万頭以上との説もある。

● マッコウクジラの成長曲線

マッコウクジラは雄と雌で成長パターンが大きく異なる。ほぼ同じ体長（4 m弱）で生まれるが，3歳あたりで徐々に性差が生じ，以後雄が大きく成長する。雌は9歳ほどで性成熟に達するが，雄は細精管での精子形成は始まるものの，実際の春機発動は18歳前後で，最終的に交尾可能な社会的成熟

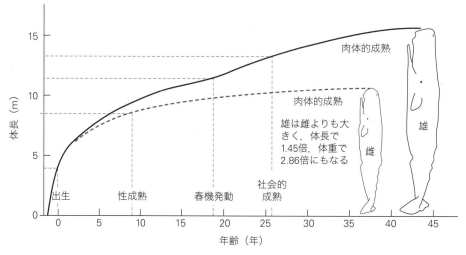

加藤（1995）を改編。

に達するのは25〜26歳となる。雌の身体的成長は25歳あたりで停止するが，雄は社会的成熟の後にも成長を続ける。平均的最終体長は，雌は11m，雄は16mで，このときの平均的体重はそれぞれ14tと40t。体長の性間比率(雄/雌)は体長で1.45，体重で2.86となる。

● マッコウクジラの回遊と社会組成

性別や成長段階によって分布域が異なる。繁殖育児群と小型独身群は中緯度帯にまでしか回遊しないが，単独雄は極域近くにまで回遊する。

● マッコウクジラの社会構造と繁殖行動

マッコウクジラはいくつかの社会的単位ごとに生活し，独自の繁殖戦略の導入によって繁栄を築きあげてきた。以下にその基本構造を紹介する(図を参照)[※]。

① 基本的な単位は，成熟雌と新生児・幼鯨からなる「混合群」。「繁殖育児群」ともよばれる群れ。この群れで生まれた雄の新生児は2〜3年すると群れから離れる。一方，雌の幼鯨はそのまま群れに残ると思われる。

② 混合群から離れた雄の幼鯨は，小型の独身雄が集まる少年団のような「小型独身群」に加わる。10数歳までここに残る。

③ 成長した独身雄は，さらに中型の独身雄が集まる青年団のような「中型独身群」を形成する。20数歳までここに残る。

④ さらに成長した雄は，最後には単独となり「単独雄」となる。年齢では，少なくとも25歳，体長

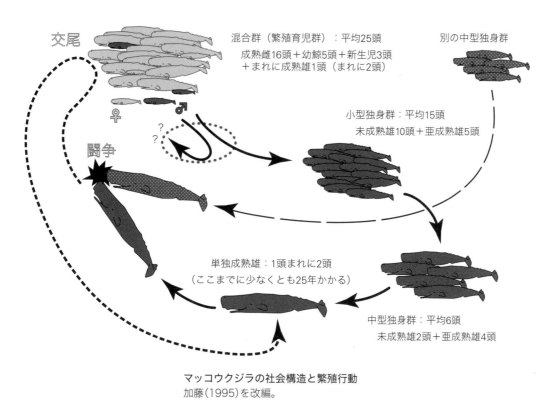

マッコウクジラの社会構造と繁殖行動
加藤(1995)を改編。

[※] 集団座礁個体を用いた筆者らの最近の研究によれば，②から④の過程での個体数の減耗は自然死亡によるもので，②で形成された小型独身群の最後の生き残りが単独雄であることが示されている。

は 14.5 m ほどに達している。
⑤ 繁殖期になると，複数の単独雄が（おそらく繁殖育児群のそばで）直接的な行動を繰り返し，勝者が繁殖育児群に加わり交尾を行う。これは，強い遺伝子を残すための自然淘汰作用があると考えられる。
⑥ 繁殖に参加した単独雄はそのまま繁殖育児群に加わることなく，短時間（数時間から数日）で去ると考えられる。

ツチクジラ

(英名) Baird's beaked whale：学名とともに人名にちなむ。
(学名) *Berardius bairdii*
(和名) 木でできた，わらなどをたたく"槌"という道具に顔が似ていることに由来する。

成体サイズ(体長，体重)：雄10.1 m；雌10.5 m。雌が大きいケースはハクジラ類ではきわめて異例である。

分布：太平洋中緯度域に生息すると思われるが，不明点が多い。日本近海では夏期に伊豆大島から房総，常磐沖合いの水深1,000～3,000 mの大陸斜面域に出現するが，そのほかの季節については不明。オホーツク海では千島列島南部から網走，知床沖に夏期に分布する。日本海北部，とくに渡島大島から奥尻島近海に濃密に分布する。また，佐渡島北方から富山湾に出現することが知られている。

食性：深海性のイカ，深海性魚類(メヌケ，アンコウほか)を食べる。
頭部：ふくらみ(メロン)が発達しており，音響性能や潜水能力に優れていることがわかる。
歯：下顎に2組しかなく，退化傾向にある。

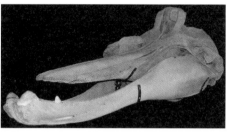

ツチクジラの頭骨

ツチクジラの胃から出てきたマッコウタコイカ

● **ツチクジラの資源量**

太平洋で5,000頭(95% CI，2,500～10,000)，日本海北部1,500頭(95% CI，370～2,600)以上，オホーツク海南部660頭(95% CI，310～1,000)以上。

● **漁獲対象種としてのツチクジラ**

IWCの管轄外で，農林水産大臣許可漁業の小型捕鯨漁業の対象種となっている。年間捕鯨枠は66頭(2014年度)。巻末資料参照。

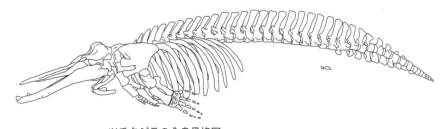

ツチクジラの全身骨格図
千葉県立中央博物館標本のスケッチ(飯岡真子 画)。

鯨類の世界

● ツチクジラの特徴

　ツチクジラは，ハクジラ亜目アカボウクジラ科に属する鯨類である。本種はハクジラ類のなかでマッコウクジラの次に大きい。通常ハクジラ類の体長は雄のほうが大きいが，本種は雌のほうが大きい（成体サイズ：雄10.1 m，雌10.5 m）。また，雌よりも雄のほうが寿命が長いことが知られている（最長寿命：雄84歳，雌54歳）。

　本種の特徴として，長い吻部（くちばし）があげられる。標準和名はこの長い吻部が道具の槌に似ていることに由来する。頭部はメロンとよばれる器官が発達しており，丸く盛りあがっている。

　下顎の先端に2対の歯が萌出しており，先端の1対が大きい。大人の雄の背中には傷が多く見られる。これは雄同士の闘争で下顎歯が用いられ，それによってついた傷であると考えられている。

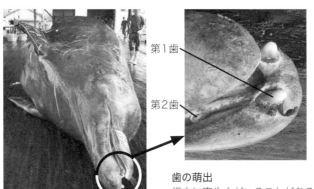

歯の萌出
根本に寄生虫がいることがある。

ツチクジラの背中
無数のひっかききずがある。

　本種は北太平洋温帯域の固有種であり，カリフォルニア湾南端から北アメリカ西岸，アリューシャン列島，カムチャツカ半島，千島列島，日本近海に分布する。

　日本近海では夏季に房総沖から常磐沖の太平洋沿岸，日本海の中部から北部沿岸，根室海峡から網走沖のオホーツク海南部に出現することが知られており，太平洋沿岸では1,000〜3,000 mの大陸棚斜面に分布が集中する。また50分以上1,000 m以深の潜水を行う場合もあり，大陸斜面に生息する中・深層性のイカ類や底生性の深海魚を摂餌すると考えられている。

　本種は農林水産大臣許可漁業の小型捕鯨業対象種であり，2016年現在4ヵ所の捕鯨基地（和田浦，鮎川，函館，網走）で年間66頭前後捕獲され，調査が行われている。

（東京海洋大学鯨ギャラリー展示パネルより引用）

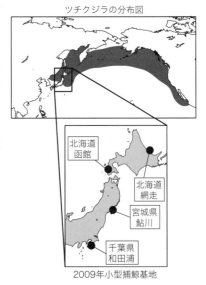

ツチクジラの分布と小型捕鯨基地の位置

シャチ

背鰭の後ろにあるサドルマークは個体識別に用いられる。寿命は非常に長い。

(英名)killer whale：殺し屋のクジラの意味。

(学名)*Orcinus orca*：属名は怪物のような，種小名は怪物の意味。

(和名)背鰭が高く，跳ね上がるシャチホコに似ていることからシャチの名がついた。別名のサカマタはサカホコから，タカマツは背鰭が高いことに由来する。また，まぐろ業者が食害をおよぼす鯨類のことをシャチとよぶが，ほとんどの場合本種ではなくオキゴンドウ(68ページ)をさす。

成体サイズ(体長)：雄6.5 m；雌5.5 m。

分布：赤道直下から極域まで広い海域に分布するが，集中域は集団によって異なる。

食性：アザラシ，イルカ，鳥類，魚類を食べる。鯨類自身を捕食する唯一の鯨類。

野性の個体
上：背鰭が長大な成熟雄。
下：亜成熟雄。

飼育下の個体

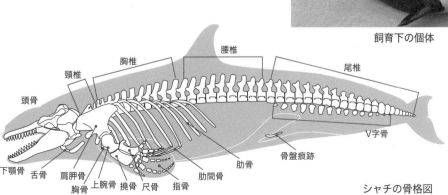

シャチの骨格図

● シャチの資源量

海域	個体数	変動係数 （CV）	密度 （頭数/100km²）
ベーリング海（南西）	391	0.43	0.25
アリューシャン列島	2594	0.44	0.41
アラスカ湾	655	0.54	0.54
オレゴン州沖	898	0.35	0.28
カリフォルニア州沖	511	0.35	0.06
東部熱帯太平洋	8300	0.37	0.04
北西太平洋（北緯40°以北）	7512	0.29	0.39
北西太平洋（北緯20〜40°）	745	0.44	0.06

● シャチの社会構造

雄は闘争を経て社会的成熟になり，交尾できるのは20歳くらいからといわれているが，雌は不明である。母系社会をつくる。

● バンクーバー島のシャチ

バンクーバー島ではシャチの集団に3つのグループがあり，各々エコタイプ（生態型）として独立している。定住性の集団は魚類（サケ）だけを食べているが，移動性の集団はアザラシなどを捕食し，外洋性のものと似た生態をもつ。各エコタイプ間には遺伝的な差異が発現しつつあるとの報告もある。

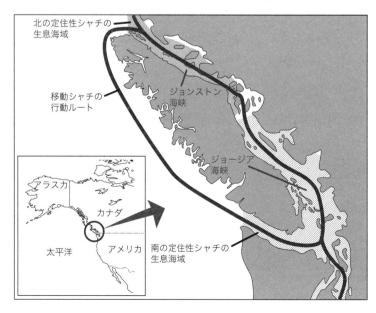

Bigg *et al.*(1990)を改編。

オキゴンドウ

マイルカ科ではシャチに続き大型になる。コビレゴンドウと混同されることがあるが，本種のほうがメロンの発達が小さく，頭部がなだらかである。また，形や，群れで大型の鯨類を襲うこともある習性などからシャチにも似ている。骨格もきわめて似ているが，歯の数や吻部における前上顎骨の幅などから見分けることができる。

(英名) False Killer Whale：シャチもどき。

(学名) *Pseudorca crassidens*：Pseud（偽の），orca（シャチ）。

(和名) ゴンドウの仲間で沖に住むもの。

成体サイズ（体長）：雄6 m，雌5 m。

分布：太平洋，大西洋，インド洋の温帯域から熱帯域にかけて（北緯50度から南緯50度）分布する。主に大陸棚より沖合域でみられるが，ときおり沿岸域にも出現する。

食性：主にシイラやマグロなどの大型魚類や頭足類を捕食するが，小型のハクジラ類やザトウクジラを襲うこともある。また，マッコウクジラを攻撃していた記録もある。

● オキゴンドウの資源量

日本周辺海域を含む北緯10度以北，東経180度以西の太平洋では40,000頭（95% CI，15,000〜110,000）などと推定されている。

● 本種の利用

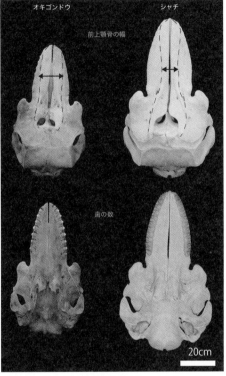

オキゴンドウ（左：頭骨長62.5 cm）とシャチ（右：頭骨長84.2 cm）の比較
オキゴンドウはシャチに比べて前上顎骨の幅が相対的に広いほか，歯の本数が少ないなどの違いがある。

和歌山県では追い込み漁業などによって捕獲されているが，半数近くが飼育や展示用の生体販売である。少ないながら沖縄でも突棒漁業で捕獲されている（巻末資料参照）。

コビレゴンドウ

南方型のマゴンドウと北方型のタッパナガという2つの型がある。大きさと体色が異なる。タッパナガのほうが大きく，背中にサドルマークがある。近年では遺伝学的な差も明らかとなっており，分類学的決着が望まれる。

(英名) short-finned pilot whale：水先案内をする小型鯨類の意味。

(学名) *Globicephala macrorhynchus*：属名は丸い頭，種小名は黒い色をしたクジラの意味。

(和名) 巨大な頭のクジラで，鰭が短い。

成体サイズ(体長，体重)：[タッパナガ]雄6.5 m，3.1 t；雌4.7 m，1.2 t [マゴンドウ]雄4.7 m，1.3 t；雌3.6 m，0.6 t。

分布：日本近海では銚子以南に分布するマゴンドウ(南方型)と，常磐，三陸，北海道に分布するタッパナガ(北方型)に分かれる。

食性：魚類も食べるがイカ類に対する嗜好性が強い。

繁殖期：更年期があり，繁殖できる年齢に上限がある。

● **コビレゴンドウの資源量**

北西太平洋において，南方型15,000頭(95% CI，4,300〜53,000)，北方型は不明。

● **漁獲対象種としてのコビレゴンドウ**

IWC管轄外の小型捕鯨漁業(農林水産大臣許可漁業)およびいるか漁業(知事許可漁業)によって年間捕獲枠がある。2014年度の捕獲枠はマゴンドウ152頭，タッパナガ休業中。捕獲実績は小型捕鯨(和歌山県，千葉県)3頭，突棒(沖縄県)41頭，追い込み18頭であった。巻末資料参照。

ハンドウイルカ

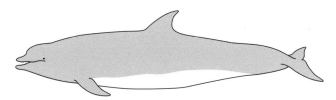

水族館でもっとも多く飼育されている種であり，代表的な飼育鯨類である。
(英名)bottlenose dolphin：ビン型の頭をしているイルカ。
(学名)*Tursiops truncatus*：属名はギリシャ語でイルカ，種小名は吻が短い，断ち切られたという意味。
(和名)五島列島でもともと本種をさした"ハンド"のよび名が伝播したもの。
成体サイズ(体長，体重)：雄3.0 m，338 kg；雌2.9 m，303 kg。
分布：赤道直下から寒冷域まで広く分布している。日本近海では南方(沖縄，小笠原)種で近縁のミナミハンドウイルカがいる。
食性：頭足類および多様な魚類。
群れ：コビレゴンドウやオキゴンドウと混合群を形成することもあり，まれにザトウクジラと混合群をつくることも知られている。

● **ハンドウイルカの資源量**

北西太平洋海域で39,000頭(95％CL，13,000〜120,000)。

● **漁獲対象種としてのハンドウイルカ**

追い込み漁業と突棒漁業で捕獲されており，2014年度の捕獲枠は615頭。捕獲実績は和歌山県の突棒35頭，追い込み172頭であった。このうち78頭が展示飼育に用いられた。

マダライルカ

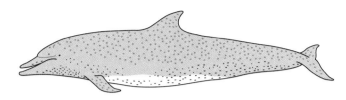

(英名) Pantropical Spotted Dolphin
(学名) *Stenella attenuata*
(和名) 体色にまだら状の斑点があることによる。この斑点は出生時にはなく，成長に伴い増加する。また，地域によっては成体であっても斑点がない個体群が知られている。
　成体サイズ(体長)：雄1.6～2.4m；雌1.6～2.6m(個体群により異なる)。
　分布：太平洋，大西洋，インド洋に分布し，主に北緯40度から南緯40度程度の沿岸から外洋にかけてみられる。表面水温が25度以上の比較的温暖な海域を好む。世界の熱帯域に生息する *S. a. attenuata* と太平洋東部沿岸域に生息する *S. a. graffmani* の2亜種が知られているが，現在も分類体系の見直しが行われており，今後さらに細かく分けられる可能性もある。
　食性：表層から中層にかけて分布する魚類や頭足類，甲殻類を捕食している。地域によってはトビウオを主要な餌としている。

● マダライルカの資源量

　個体数はきわめて多く，鯨類では最も多く生息している種の1つと考えられている。個体数は北太平洋で400,000頭(95% CI, 179,000～882,000)と推定されている。

● 漁獲対象としてのマダライルカ

　日本では主に追い込み漁により年間400頭程度(捕獲枠)が捕獲されている(巻末資料参照)。このほか，生息域がマグロの巻き網漁場と重複しているため，1960年代を中心に混獲によって数百万頭ものマダライルカが死亡した。近年では漁法の改善や法律改正などにより巻き網で死亡するケースは大幅に減少している。

カマイルカ

　本種はハンドウイルカに次いで水族館で多く飼育されている。マイルカ科のなかでは吻部が短く，体色は黒と白もしくはグレーで明瞭である。背鰭は大きく湾曲している。とくに成熟した雄では湾曲の度合いが高く，背鰭先端が背鰭高さの半分ほどに達することもある。好奇心が強く遊び好きであり，船の舳先で波乗りをしたり，大型の鯨類とともに遊泳することがある。

（英名）Pacific white sided dolphin
（学名）*Lagenorhynchus obliquidens*
（和名）強く湾曲した背鰭が，草を刈る鎌に似ているところから。
成体サイズ(体長)：雄2.4 m；雌2.3 m。
分布：北太平洋の沿岸から沖合域にかけて広く分布している。
食性：カタクチイワシ，サンマ，ニシンなどの表層から中層にかけて生息する群泳性魚類やイカなどの頭足類を捕食している。

● カマイルカの資源量

　北太平洋全域で988,000頭(95% CI, 289,000～3,383,000)と推定されている。また，日本近海には沿岸域に分布する個体群と外洋に分布する個体群があり，遺伝的にも分かれている可能性が報告されている(Hayano et al., 2004)。

● 漁獲対象としてのカマイルカ

　近年ではおもに追い込み漁業により10～30頭程度が捕獲されているが，その多くは水族館用の生体販売である(巻末資料参照)。

イシイルカ

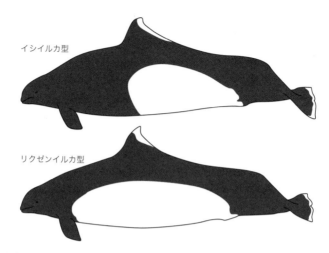

　大きさはほとんど変わらないが，腹部の白い斑紋の範囲に違いのある2型がある。基本的には斑紋が背鰭付近までのものをイシイルカ型，斑紋が胸鰭まであるものをリクゼンイルカ型という。カーテン状の水しぶきをあげて泳ぐ。
　(英名) Dall's porpoise：Dall は本種の研究に関係した人名に由来。
　(学名) *Phocoenoides dalli*：属名は吻のないイルカの意味。種小名は人名に由来。
　(地方名) リクゼンイルカ型 truei-type (オホーツク海中央部から三陸・南千島海域特有の体色型)：捕獲場所の地名が由来となっている。
　(地方名) イシイルカ型 dalli-type (その他の海域に多い体色型)
　成体サイズ(体長，体重)：雄1.94 m，123 kg；雌1.79 m，87 kg。
　分布：寒冷域に広く分布する。北太平洋特産種。イシイルカ型は日本海からオホーツク南部，リクゼンイルカ型は三陸沖(冬期)からオホーツク海(夏期)に分布する。
　食性：表層性のハダカイワシ類。

● イシイルカの資源量

　1980年代には北太平洋全体で200万頭ともいわれていた，資源量の多い小型鯨類で，イシイルカ型は174,000頭(95% CL, 115,000〜262,000)，リクゼンイルカ型は178,000頭(95% CL, 114,000〜279,000)。

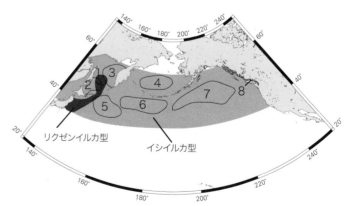

イシイルカの分布
吉岡・粕谷(1991)，吉岡(1996)を改編。
繁殖海域に基づくイシイルカの8系群。1はリクゼンイルカ型，2はイシイルカ型の日本海–オホーツク海系群，3〜8はイシイルカ型他系群の各繁殖海域。

● 漁獲対象種としてのイシイルカ

いるか漁業でのみ捕獲される。2014年度の捕獲枠はイシイルカ型6,524頭，リクゼンイルカ型6,404頭。2014年度捕獲実績は突棒のみで，イシイルカ型は岩手県14頭，リクゼンイルカ型は岩手県1,588頭，宮城県32頭であった。巻末資料参照。

スナメリ

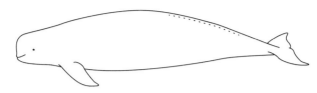

　主にアジアの沿岸域(水深50m以浅の砂地)に生息している小型の鯨類である。体色は幼少時には暗い灰色で,成長とともに明るい灰色になる。頭部は丸く,吻と背鰭がない。日本沿岸では仙台湾－東京湾,伊勢・三河湾,瀬戸内海－響灘,大村湾,有明海,橘湾の5海域に,それぞれ別系群が生息していると考えられており,水産資源保護法により保護されている。

　(英名) finless porpoise:背鰭がないことにちなむ。

　(学名) *Neophocaena asiaeorientalis*:属名,種小名ともにネズミイルカ(phocaena:ギリシャ語のイルカが語源)に似たという意味。

　成体サイズ(体長,体重):1.4～1.6m,50～60kg。

　食性:魚類,甲殻類,頭足類など。

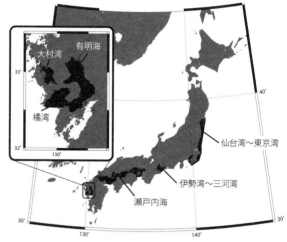

スナメリの主要分布域
吉田(2012)を改変。

● スナメリの資源量

　国際水産資源研究所により2002年以降,航空目視調査が実施されている。この調査に基づくと,仙台湾から房総半島東岸にかけての海域で2,251頭(CV=39.1%)(小川ほか,2013),伊勢湾・三河湾で4,620頭(CV=29.0%)(小川ほか,2015),瀬戸内海で9,177頭(CV=19.9%)(小川ほか,2013),大村湾と有明海・橘湾でそれぞれ168頭(CV=39.3%)と3,000頭(CV=24.5%)(吉田ほか,2013)との推定値を得ており,日本周辺海域には少なくとも19,000頭程度は生息しているものと見込まれている。

● 空から見るスナメリ資源

　スナメリの資源量調査はフェリーや小型船を用いた目視調査に加え,近年では右に示したような小型飛行機を用いた航空目視調査が主力となっている。このような小型飛行機に操縦士のほか,記録者1名,両舷に1名ずつの観察者が搭乗し,あらかじめ定められた調査航路上を高度500フィート(約152m),90ノット(約167km/h)で航行する。両舷の観察者は進行方向に対し真横を向いてスナメリを探索する。スナメリが発見された際には発

目視調査で使われる小型飛行機(上)と調査中の調査員(下)
小川(2009)より。

見位置，群れサイズなどの他，風力やグレア，伏角(飛行機から見下ろす角度)なども記録し，ライントランセクト法(91ページ)に基づいて資源量を推定する。スナメリの分布は水深と関係が深いため，等深線に対して垂直に調査コースを設定するなど，より適切な資源量推定が行えるよう，工夫がなされている。

● **もっとも身近な鯨類**

上記のように，きわめて沿岸性の強い種であるスナメリは，われわれの生活圏とも非常に近接して生活している。東京湾や瀬戸内海などの内湾に生息することから，フェリーなどの乗船中に目撃することもある。また銚子港内に出没したり，東京海洋大学のポンド(係船場)に入り込んできたこともある。

海牛類の世界

海牛類とは

英名を sea cow という。体は流線形。鼻は吻端と頭頂の中間の位置にあり，円いふた（弁）がついている。耳介（耳たぶ）はない。体全体に体毛（感覚毛でない）がある。海産哺乳類のなかで唯一の植食性である。温暖な地域の沿岸域や淡水・汽水域に生息する。始新世に出現した海生のプロトシレンを祖先とし，中新世に淡水性のマナティが出現したとされている。ジュゴン科，マナティ科の2科からなり，2属4種が現生するほか，絶滅種1種が知られている。

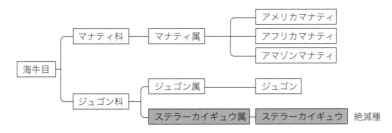

● マナティ科

しゃもじ状の尾鰭をもち，ジュゴン科（Dugongidae）と明瞭に区分される。植食性で熱帯，亜熱帯域の河川や河口にすむ淡水性種で，流れの少ない水域にまどろむように生息している。アメリカマナティ（*Trichechus manatus*），アフリカマナティ（*T. senegalensis*）およびアマゾンマナティ（*T. inunguis*）の3種が知られている。本科のみ頸椎が6個であるといわれ，哺乳類としてはきわめて異例。

● ジュゴン科

半月状の尾鰭をもち，マナティと明瞭に区別される。熱帯，亜熱帯海域の鹹水域（極沿岸域）に生息する。マナティ科と同様に植食性であり，浅海域に生息する水中顕花植物のアマモなどを食べる。詳細な分類では，ジュゴン亜科（ジュゴン *Dugong dugon*，1属1種）と18世紀の中ごろに絶滅した大型のステラーカイギュウ亜科（ステラーカイギュウ *Hydrodamalis gigas*，1属1種）の2亜科に区分される。

海牛類の世界

海牛類の進化

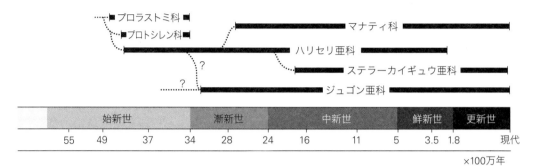

海牛類進化系統概略図(科もしくは亜科レベル)
Perrinほか(編)(2009)Encyclopedia of Marine Mammals, Academic Pressをもとに作図。

マナティとジュゴンの違い

	マナティ科			ジュゴン科
	アメリカマナティ	アフリカマナティ	アマゾンマナティ	ジュゴン
最大体長	5 m		3 m	3 m
前肢上腕	体外に出る			体内に埋没
前肢のつめ	あり		退化しつつある	－
牙（門歯）	なし			あり
尾鰭形状	しゃもじ型			三日月型
分布	汽水・淡水		淡水	浅海

アメリカマナティ　　　　　ジュゴン（鳥羽水族館 提供）

ジュゴン

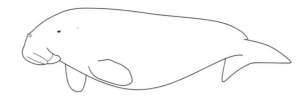

(英名) dugong：ジュゴンを意味するマレー語に由来する。
(学名) *Dugong dugon*：同上。
成体サイズ(体長)：雌雄ともに3m。

● ジュゴンの特徴

体型は紡錘形。胸鰭は5本指をもつ。全身に細い剛毛や柔毛の体毛がある。沖縄を分布の北限とするが，天草や奄美大島でも記録がある。上唇(顔面盤という)をめくることができる。

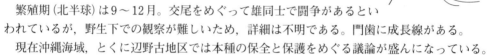

腰椎についている骨盤は柔らかく，鯨類ほどではないが退化傾向にある。

繁殖期(北半球)は9〜12月。交尾をめぐって雄同士で闘争があるといわれているが，野生下での観察が難しいため，詳細は不明である。門歯に成長線がある。

現在沖縄海域，とくに辺野古地区では本種の保全と保護をめぐる議論が盛んになっている。

● ジュゴンの餌となる海草

明田(2008)によると，ジュゴンの餌となる海草は以下のとおり。

アマモ科－*Zostera asiatica*(オオアマモ)，*Z. capricorni*，*Z. marina*(アマモ)，*Z. muelleri*，*Z. japonica*(コアマモ)

ベニアマモ科－*Halodule pinifolia*(マツバウミジグサ)，*H. uninervis*(ウミジグサ)，*Cymodocea antarctica*，*C. ciliata*，*C. rotundata*(ベニアマモ)，*C. serrulata*(リュウキュウアマモ)，*Syringodium isoetifolium*(シオニラ/ボウバアマモ)

トチカガミ科－*Halophila decipiens*，*H. ovalis*(ウミヒルモ)，*H. spinulosa*，*Thalassia hemprichii*(リュウキュウスガモ)，*Enhalus acoroides*(ウミショウブ)

(鳥羽水族館 提供)

ステラーカイギュウ

　ステラーダイカイギュウともいう。最大で体長8.5 m, 体重12 tになる最大の海牛類で, 絶滅種。海牛類中では唯一の寒冷適応性であった。写真などはなく, 骨格標本が残るのみである。

　頭部は比較的小さく, 首は短くて柔軟。目が小さく口のまわりに洞毛があった。尾びれは大きく三日月型。黒く, 丈夫な皮膚をもち, 脂肪層も発達していた。肋骨が太く, 上腕がある。指の骨がみつかっていない（ない可能性もある）。歯もみつかっていない。社会性があり, 春のはじめに繁殖をする。1年ほどの妊娠期間の後, 1児を生む。コンブ類などの褐藻類を食べ, ほとんど潜水せず, また動作は緩慢であったらしい。

　知られているのはベーリング島だけだが, 化石からみると北部環太平洋に生息していたと思われる。

　（英名）Steller's sea cow：和名ともに, 報告書を作成した探検隊同行医師の名前に由来する。

　（学名）*Hydrodamalis gigas*：親水性の巨大な動物の意。

　成体サイズ（体長）：雌雄ともに7 m。

● 発見から絶滅まで

1741年　探検家ベーリングが遭難した際のできごととして, コマンドル諸島にて同種の発見が報告される。

1742年　医師ステラーによって2,000頭ほどの大型カイギュウの生息していることが報告される。毛皮商人によって, 食料や燃料, 食品加工用の脂として乱獲された。このさい, 乱獲による直接の影響のほかに, 毛皮の対象となるラッコも乱獲され, ウニ類が増え, 餌となるコンブ類が減少したという間接的な影響も考えられる。

1768年　ポポフによる最後の報告。これ以後の公式な発見の記録はない。

1780年　1頭がロシアで捕獲, 1854年に目撃情報, 1962年にソ連の漁船による目撃, 1977年カムチャツカで混獲の情報があるが, どれも確証はない。

海牛類の世界

鰭脚類の世界

鰭脚類とは

　海産哺乳類としては唯一陸上歩行ができ，全身が体毛に覆われている。感覚毛(触覚)が発達している。体は流線形または紡錘形で，水の抵抗を少なくし体熱を保持するために突出部が少なくなっている。そのため外耳殻(耳介)は小さくなるか消失している。また，密生した毛と熱い皮下脂肪が断熱効果をもたらす。例外なく出産，育仔を陸上あるいは氷上で行う。

　四肢は大きく鰭状になり，上腕・大腿は短く，手のひらが発達している。

　眼窩が陸上のほかの食肉目にくらべて圧倒的に大きく，視覚(水中での)に頼っていることがわかる。目の精度そのものはよくないが，視野は広い。

　漸新世末期に出現したエナリアークトスを祖先とする。分類学的には今でも混沌としており，変動の多いグループである。簡略的な分類体系は以下のとおりである。

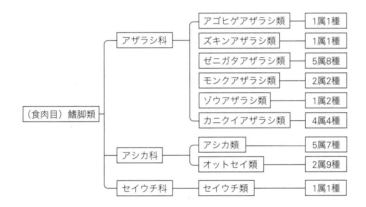

● アザラシ科

　アザラシ類は紡錘形で，後肢を前方に曲げることができず，耳介を欠いている。最小のワモンアザラシ(*Pusa hispida*)から最大のミナミゾウアザラシ(*Mirounga leonina*)まで多様性に富み，世界中の水域に広く適応放散している。主として北半球に生息するアザラシ亜科と，南半球のモンクアザラシ亜科に区分される。前者には，わが国周辺にも分布するゴマフアザラシ(*Phoca largha*)やアゴヒゲアザラシ(*Erignathus barbatus*)など10種，後者には南極海産のカニクイアザラシ(*Lobodon carcinophaga*)やミナミゾウアザラシなど8種が含まれる。

● アシカ科

　後肢を前方に曲げることができ，耳介があるグループ。毛皮を二層に特化させたキタオットセイ(*Callorhinus ursinus*)などのオットセイ類9種と，トド(*Eumetopias jubatus*)やオタリア(*Otaria flavescens*)などのやや大型のアシカ類7種に大別される。明治期まで日本海に生息していたニホンアシカ(*Zalophus japonicus*)はすでに絶滅したとみられる。

● セイウチ科

　セイウチ1種のみで構成される。セイウチ(*Odobenus rosmarus*)は上顎犬歯が著しく伸張する。アシ

カ科同様に後肢を前方に曲げることができるが，耳介がない。分布は北半球に限られ，北極海やベーリング海北部に生息している。二枚貝などの底生の無脊椎動物を主に食べる。

鰭脚類の進化

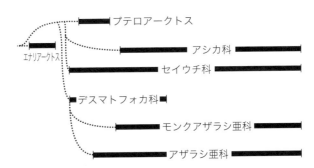

鰭脚類進化系統概略図(科もしくは亜科レベル)
Perrinほか(編)(2009)Encyclopedia of Marine Mammals, Academic Pressをもとに作図。

● 鰭脚類の起源〜2つの説〜

　鰭脚類は陸生の食肉目が水域に進出し分化した。かつては，形態的特徴から，アザラシ科はイタチ上科から，アシカ科とセイウチ科はクマ科から進化した(鰭脚類二系統仮説，図左)と考えられていたが，現在は分子系統学などにより共通の祖先(エナリアークトス)から進化した(鰭脚類単系統仮説，図右)とする説が有力である。

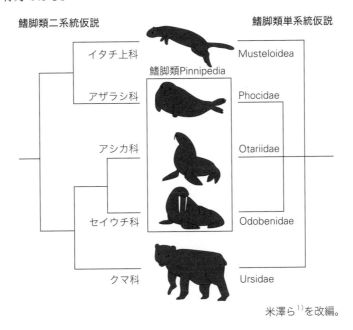

米澤ら[1]を改編。

---

1) 米澤隆弘・甲能直樹・長谷川政美. 2008. 鰭脚類の起源と進化. 統計数理 56: 81-99.

鰭脚類の世界

鰭脚類3科の違い

	アザラシ科	アシカ科	セイウチ科
耳	耳介はなく，孔のみ	耳介があり，耳がよい	耳介はなく，孔のみ
脚	手はあまり使わない／体全体で動く／氷上などはすべる　　足は前にまわらない，泳ぐのによい	後ろ足で歩ける／歩く，泳ぐで形が異なる／前後どちらにも向く	前足で体を支えられる
尾	独立した明瞭な尾がある		尾は目立たなく，少し突起があるくらい
骨盤	開かない／難産型，死産が多い	柔らかい／出産が楽，大きな子を生める	柔らかい
皮膚	脂肪層が厚い	皮膚が厚い	もっとも表皮が厚い
分布	亜熱帯～寒帯	温帯～亜熱帯／赤道直下にもいる	北方，寒帯／ベーリング海
その他	ゾウアザラシ，ズキンアザラシのみ／性的二型が著しい	性的二型が著しい／雄は頭頂部が発達する／一夫多妻制	上顎犬歯が発達する／雄：ソード状／雌：短剣状

　アザラシは水中で後肢を交互に振って泳ぐ。陸上では，背中を丸め這うように移動する。アシカは前肢を左右に開いて水をかいて泳ぐ。陸上では，四肢で体を支えて歩き，高い岩礁にもよじ登ることができる。水族館などのショーで活躍するのはアシカが多い。セイウチは水中ではアザラシのように後肢を振って，陸上ではアシカのように四肢で体を支えて歩く。

鰭脚類の歯

　主に魚を丸飲みするため咀嚼する必要がなく, 切歯と犬歯以外の頬歯(小臼歯と大臼歯)は錐型の同形歯となり, 食肉目の特長である裂肉歯型のものはない。セイウチの上顎犬歯は牙となり口から突出する。

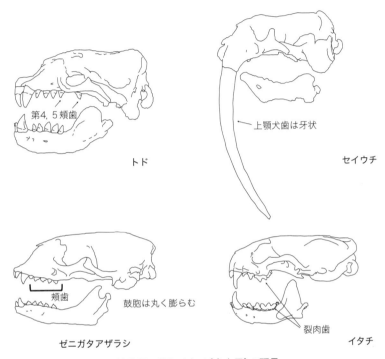

鰭脚類3科とイタチ(食肉目)の頭骨

トド

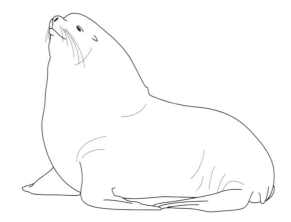

アシカ科のなかで最大になる。1属1種。上顎第4頬歯と第5頬歯の間に広い隙間があるのが特徴(前頁「鰭脚類の歯」の図参照)。

(英名) Steller sea lion

(学名) *Eumetopias jubatus*：属名はギリシャ語の広いひたい，種小名はたてがみを意味する。

成体サイズ(体長，体重)：雄3.2m，1.1tくらいになる(ハレムブル)；雌2.5m，350kg程度。性的二型が著しい。

分布：北太平洋沿岸に分布。近縁種のキタオットセイに比べ沿岸性が強く，繁殖期以外も上陸する。日本には繁殖場(ルッカリー)はなく，冬期から春期に北海道へ回遊し，まれに青森まで来ることがある。北海道日本海側には冬期に上陸する岩礁がいくつかあり，200頭以上の上陸が見られることもある。

繁殖・生活史：一夫多妻で，雄は平均10頭前後の雌を囲い込むハレムを作る。繁殖期は5月初旬から7月中旬ごろまでで，出産のピークは6月上旬。1産1仔。雌は出産後11～14日で交尾を行い，3～4ヵ月の着床遅延期間がある。仔は一般に1歳で離乳するが，3歳以上授乳が続くこともある。雌雄とも3～7歳で性成熟に達し，雌は繁殖を開始するが，多くの雄はテリトリーを形成できる9～11歳まで繁殖に参加できない(社会的成熟という)。寿命は雄で18歳，雌で30歳程度。

トドのハレムブル，奥はメスの成獣
ハレムブルには首周りに種小名の由来となったたてがみをもつ。顕著な性的二型を示す。

食性：魚類，頭足類など。その場で得やすいものを捕食する機会的捕食者(日和見的ともいう)。

● **遺伝的グループ**

遺伝的および形態的な差により下記の2亜種がある。

東部亜種(Loughlin's northern sea lion)：北米，カナダ。

西部亜種(Western Steller sea lion)：アラスカ，アリューシャン，ロシア，北海道。さらに中央集団とアジア集団の2つの繁殖グループに分ける場合が多い。

● **資源動向と漁業被害**

かつては水産動物であったが，現在での利用はきわめて限定的である。1980年代に西部亜種(とくに中央集団)が激減し，北海道周辺にもその影響があったといわれている。かつては北海道にもトドの繁殖地(ルッカリー)があったと考えられるが，現在では千島列島とサハリン周辺の島々に限られている。

アジア集団は1960年代には27,000頭生息するとされたが，その後減少して1980年代に13,000頭に半減した。しかし，近年では増加傾向に転じており，むしろ漁業被害が懸念される状況となっている。2004年からは(独)水産総合研究センター北海道区水産研究所(当時)がライントランセクト法(91ページ)などによる航空機目視調査を行い，北海道西部(稚内から渡島)沖海域と東部根室海峡において5,157頭(平均値の60%信頼区間下限値)の推定値が得られ，この数値をもとに間引き頭数の管理が行われていた。北海道の西側では食害と漁具の破損が問題になっており，漁業被害の減少と個体群の維持を両立させるような管理が必要である。2014年に水産庁はトドの管理方針を見直し，日本海来遊群(北海道と青森県の日本海に来遊する分集団)の個体数を，10年後に現在の水準の60%まで減少させることを管理目標とした。間引き駆除枠はこの管理目標に基づき，各地区の連合海区漁業調整委員会によって設定されている。

キタオットセイ

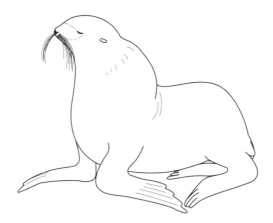

　オットセイ類のなかでキタオットセイ属の唯一の種。そのほかの8種はミナミオットセイ属に属する。粗く硬い外毛と柔らかく密生した下毛をもつ。後鰭はアシカ科のなかで最も長く，全長の約1/4程度になる。トドとは体色や，大きさ，頭部(鼻づら)の形状から識別できる。

　(英名) Northern fur seal：上質な毛皮に由来する。

　(学名) *Callorhinus ursinus*

　(和名) オットセイ(膃肭臍)とよばれることが多い。「膃肭」はアイヌ語名オンネウの中国語音訳。その陰茎を「臍」と称し，薬用にしたことに由来し，「膃肭臍」が和名となった。

　成体サイズ(体長，体重)：雄2.1 m，270 kg；雌1.5 m，50 kg。性的二型が著しい。

　分布：北太平洋北部，ベーリング海，オホーツク海に広く分布。繁殖期である夏期は繁殖島とその周辺海域に分布し，それ以外の期間は索餌回遊する。繁殖期を除いて上陸することはまれで，外洋性。日本近海では，索餌回遊期に房総半島から三陸沖，北海道太平洋沿岸や日本海沿岸などで見られる。海上では横になり，前鰭と後鰭をあげてくっつける態勢で休息している様子が見られる(写真)。

　繁殖：トドと同じく一夫多妻だがその規模は異なり，平均で雌20頭，最大60頭程度の大きなハレムを形成する。

　食性：表層性や垂直移動する中深層性の魚やイカ類を，主に夜間に食べる。

海上で休息するキタオットセイ
前鰭と後鰭を合わせた態勢で休息する様子がしばしば観察される。

ゼニガタアザラシとゴマフアザラシ

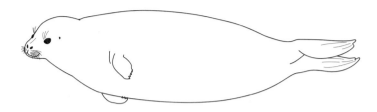

　日本近海には，ゼニガタアザラシとゴマフアザラシ，ワモンアザラシ，クラカケアザラシ，アゴヒゲアザラシ5種が分布する。このうち一般に観察されるのはゼニガタアザラシとゴマフアザラシである。

● ゼニガタアザラシ

　鰭脚類のなかで最も広く分布し，北半球に5亜種が認められる。日本近海にはその1亜種であるゼニガタアザラシ(狭義)が生息する。ここでは主にこの亜種について解説する。灰褐色，灰色，黒色の体に輪状の模様，斑点が散在する。北太平洋では分布域が重なるゴマフアザラシとの識別が難しい。

　(英名) Harbor seal
　(学名) *Phoca vitulina*，日本近海の亜種は *Phoca vitulina stejnegeri*
　(和名) 体にある斑点の周囲が白く，銭型に見えることに由来。
　成体サイズ(体長，体重)：雄1.9m，70〜150kg；雌1.7m，60〜110kg。性的二型は顕著ではなく，雄は雌よりわずかに大きい。
　分布：回遊せず，主に陸棚と陸棚斜面を含む沿岸域に分布。日本近海では，北海道東部太平洋沿岸の岩礁地帯に上陸する。
　繁殖・生活史：乱婚もしくは弱い一夫多妻。雌は4〜5月に岩礁上で出産し，仔は子宮内で白い産毛を脱ぎ捨て，成獣と同じ黒い毛で生まれてくる。出生直後から泳ぐことができ，1ヵ月程度で離乳する。離乳後，雌は発情し水中で雄と交尾する。7〜8月の換毛期には，多くの個体が上陸し休息する。
　食性：多様な種類の魚や頭足類を食べる。

● ゴマフアザラシ

　北太平洋に分布するゼニガタアザラシと類似するが，遺伝的に異なる種であると確認された。光沢のある灰色または茶色の地に黒っぽい斑点やわずかな輪状の模様が散在する。

　(英名) Spotted seal
　(学名) *Phoca largha*
　(和名) 体にある黒胡麻を散らしたような黒い小さな斑点に由来。
　成体サイズ(体長，体重)：雄1.7m，90kg；雌1.6m，80kg。雌雄の差はあまりない。
　分布：渤海〜黄海，日本海，オホーツク海，ベーリング海に分布する。冬から初夏は海氷の南限に主に生息し，晩夏から秋は沿岸域に移動する。氷上や岩礁上，砂浜や砂州などに上陸する。
　繁殖：3月中旬から下旬に海氷上で白い産毛をまとった仔を出産する。授乳期間は1ヵ月程度で，離乳後に交尾する。一夫一妻制で，雄は授乳中の雌のそばを離れず授乳期間が終わり発情するのを待つ。海氷上では雌とその仔，交尾を待つ雄の3頭のグループで観察される。
　食性：多様な魚や頭足類，甲殻類を食べる。

● ゼニガタアザラシとゴマフアザラシの識別

北海道東部太平洋岸では両種の生息域が重なり，しばしば混同される。ゴマフアザラシは明色が強く，ゼニガタアザラシは一般に暗色が強い。しかし，ゼニガタアザラシの体色は変異に富み，明色型も存在する。ゴマフアザラシの顔面は黒っぽく，ゼニガタアザラシは白っぽいことが多い。交雑個体の存在も指摘されており，まぎらわしい個体の識別には注意が必要である。

鰭脚類と人とのかかわり

　紹介した4種はいずれも日本近海において資源状態が良好で，沿岸漁業との軋轢が大きな社会問題となっている。トドやキタオットセイは沿岸の刺網漁業を中心に，漁具を破損し漁獲物を横どりする。ゴマフアザラシは北海道沿岸に滞在する時期および量が増大し，漁業資源に対する捕食圧が問題視されている。ゼニガタアザラシは商業的な猟業の衰退とともに資源量が増加し，とくにサケ定置網漁業において網内のサケを傷モノにする被害（とっかり食いとよばれる）が深刻である。これら漁業被害への対策として，鰭脚類の致死的な捕獲（有害獣駆除と個体数調整）が行われている。

　鰭脚類の捕獲に関する法的規制は種によって異なり，アザラシ類はほかの陸生哺乳類同様「鳥獣の保護及び狩猟の適正化に関する法律」の対象で環境省が所管しているが，トドおよびキタオットセイはいずれも水産庁が所管し，それぞれ「漁業法」「猟虎膃肭臍猟獲取締法」によって捕獲等が制限されている。鰭脚類による漁業被害は拡大傾向にあり，捕獲も含めた適切な被害対策が強く求められている。

鯨と人とのかかわり

資源調査と管理

● 資源調査の3要素

生物資源の管理を行う際には以下の3要素が不可欠であり，各要素の良質なデータが必要とされる。
資源量：目視（船，空，人）によって調べる。
系群（系統群，同一繁殖群ともいう）の把握：分布，形態，遺伝的分析や，衛星を使って分析する。
再生産率：漁獲物，生物学的分析，年齢などからどの程度増加し，どの程度死亡するかを分析する。

● 資源量

船舶による調査

水面から16mくらいのトップマストをもつ高さのある船舶を使う。コース（トラックライン）をランダム（ジグザグ）にとり，船上から観察を行う。噴気，ジャンプ，水しぶきなどの特徴で鯨の種類を見分けなければならないので，経験や技術だけでなく集中力が必要である。また，北半球での調査は個体群が北上し，一定海域に集中する夏季に行う。

ライントランセクト法の実際

目視調査で得られたデータから探索コースからのずれ（横距離）を距離ごとにまとめて，関数をあてはめて発見率パターンを知り，発見確率分布をつくり，見えない部分の割合を補正して全体を推定する方法。鯨の期待される密度勾配を算出する。調査には鯨種により船上や飛行機などさまざまな方法が用いられる。大半は船上であるが，ツチクジラやスナメリは飛行機から観測するのが適している。

鯨類目視調査では，任意の調査海域を定めると，その海域内にランダムにスタートポイントを定める。コースはランダムに設定することが望ましいが，現実的にはジグザグ状のコース設定をする場合が多い。コース設定の際には，予想される分布密度の勾配に平行にならないように（つまり，鯨の多い海域ばかり，あるいは少ない海域ばかりを調査しないように）留意する必要がある。

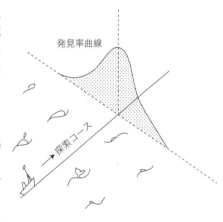

コースは一定（通常11～12ノット）で航行し，アッパーブリッジや専用観察ブースのような高所から鯨群の探索を行う。探索は，裸眼もしくは双眼鏡を用いて偏りのないように前方を広くスキャンする。鯨群を発見したら，発見角と距離を測定し，事後の分析に備える。接近法による場合には，発見したらコースを離脱して対象に向かい，鯨種と構成頭数を確定させる。通過法による場合には，そのままコースを航行し，最接近時（あるいは発見時）に鯨種と頭数を推定しておく。

接近法，通過法いずれにしても，一つの発見に対してどの程度の努力量を費やしたかが重要で，通常では探索距離に対する発見群頭数から分布密度を算出する。このため，探索努力量を適切に求める

ための種々の記録を行う。実際に資源量は以下の数式によって求めるが，①発見関数の選択，②前方発見率の推定が重要な点となる。とくに②については，適用数値を実際の潜水頻度データなどからシミュレーションによって発見率を求めなくてはならないため，多くの場合 $g(0)=1.0$，つまりコース前方に出現する鯨はすべて発見できるとの仮定をおいて分析することが多く，資源量の過小推定につながることが多い。

$$N = nA/2\omega L$$
$$2\omega = 2\int_0^c g(y)\,dy$$

N は探索域内の個体数，n は発見数，A は探索域の面積，L は探索コースの長さを示す。
また 2ω は有効探索幅内で実際に見ることのできた頭数，そして $g(y)$ は発見率曲線を示す。

● 系群

分布，体型，DNAを調べたり，衛星を用いた調査から，系群を把握する。例えば日本におけるスナメリでは，聞き込みによる分布調査，頭骨による体の形態変異（ここでは頭骨），DNA分析を行った結果，5つの系群が認められ，それぞれ個別に管理する必要のあることが判明した。このほかにも発信機による衛星標識（コククジラ，ザトウクジラ，ハンドウイルカなど）などの方法が用いられる。

● 再生産率

漁獲物や調査捕鯨で得られた個体から生殖腺，年齢，形質を調べたり，野外での個体識別によって長期的な調査を行ったり，バイオプシー（生体標本）による非致死的調査から再生産率を求める。得るべき情報や対象種で方法を選択する。ツチクジラでは漁獲物からの調査，分析が行われている。

ただし，商業性のある漁業では同じ捕獲枠ならより大型の個体を選択する傾向があるので，理想的には捕獲選択性を排除した日本の捕獲調査（調査捕鯨，98ページ参照）のような方法が望ましい。

● これらの情報を何に役立てるか

資源動向を分析する資源モデル（例えばHITTERモデルなど）のパラメータを入力したり，IWCにおける改訂管理方式のデータとして用いられる。また，漁獲対象としての資源管理だけではなく，混獲や食害など漁業との軋轢の解消，さらに新海洋産業（ホエールウォッチング），座礁や高速船との衝突の回避など海洋生態系上の管理としても必要である。

主要鯨類の個体数推定値
本書で用いている資源量はとくに明記してある以外はこの表に基づいている。

種	海域	対象年	個体数	95%信頼区間
クロミンククジラ[1]	南半球	1982/83〜1988/89	761,000	510,000〜1,140,000
		1992/93〜2003/04	515,000	360,000〜730,000
ミンククジラ[1]	北西太平洋ーオホーツク海	1989〜1990	25,000	12,800〜48,600
	西グリーンランド	2007	17,000	7,000〜40,000
シロナガスクジラ[1]	南半球（南緯60°以南）	1997/98	2,300	1,150〜4,500
ナガスクジラ[1]	西グリーンランドーフェロー諸島	2007	22,000	16,000〜30,000
	西グリーンランド	2007	4,500	1,900〜10,000
ニタリクジラ[1]	北西太平洋	1999〜2002	21,000	11,000〜38,000
コククジラ[1]	北太平洋西側	2007	121	112〜130
	北太平洋東側	2006/2007	19,000	17,000〜22,000
ホッキョククジラ[1]	ベーリング海ーチュコト海ーボーフォート海	2011	17,000	15,700〜19,000
	西グリーンランド	2012	1,300	900〜1,600
ザトウクジラ[1]	南半球（南緯60°以南）	1997/98	42,000	34,000〜52,000
	北太平洋	2007	22,000	19,000〜23,000
	大西洋西部	1992〜1993	11,600	10,100〜13,500
	西グリーンランド	2007	2,700	1,400〜5,200
タイセイヨウセミクジラ[1]	北大西洋	2010	490	情報なし
ミナミセミクジラ[1]	南半球	2009	12,000	情報なし
セミクジラ[2]	オホーツク海	1989〜1992	920	400〜2,100
イワシクジラ[3]	北西太平洋	2002〜2003	68,000	31,000〜149,000
ツチクジラ	太平洋側（房総〜北海道）[4]		5,000	2,500〜10,000
	オホーツク海南部[5]		660	310〜1,000
	日本海東部[5]		1,500	370〜2,600
イシイルカ[6]（イシイルカ型）	日本海ーオホーツク海南西部	2003〜2005	174,000	115,000〜262,000
イシイルカ[6]（リクゼンイルカ型）	北西太平洋ーオホーツク海	2003〜2005	178,000	114,000〜279,000
スジイルカ[6]	北西太平洋	1983〜1991	517,000	369,000〜726,000
		1998〜2001	504,000	185,000〜1,373,000
マダライルカ[6]	北西太平洋	1983〜1991	438,000	312,000〜615,000
		1998〜2001	400,000	179,000〜882,000
ハンドウイルカ[6]	北西太平洋	1983〜1991	169,000	102,000〜279,000
		1998〜2001	39,000	13,000〜120,000
コビレゴンドウ南方型[6]（マゴンドウ）	北西太平洋	1983〜1991	54,000	35,000〜83,000
		1998〜2001	15,000	4,300〜53,000
オキゴンドウ[6]	北西太平洋	1983〜1991	17,000	10,000〜28,000
		1998〜2001	40,000	15,000〜110,000
ハナゴンドウ[6]	北西太平洋	1983〜1991	76,000	54,000〜109,000
		1998〜2001	33,000	14,000〜76,000
カマイルカ[6]	日本の太平洋沿岸域	1992〜1996	57,000	13,800〜233,000
	北太平洋沖合域	1987〜1990	988,000	289,000〜3,383,000
シャチ[6]	北西太平洋ーオホーツク海	1992〜1996	8,300	5,900〜11,500
スナメリ[6]	日本周辺	2002〜2004	約11,000	情報なし
セミイルカ[6]	北太平洋沖合域	1987〜1990	308,000	107,000〜884,000

1）IWC ウェブサイト（https://iwc.int/estimate）より；2016年9月現在
2）Miyashita, T. and H. Kato. 1998. Recent data on the status of right whales in the north west Pacific Ocean. Document SC/M98/RW11. presented to the IWC special meeting on Scientific Committee towards a comprehensive assessment of right whales worldwide, Cape Town.
3）Hakamada, T., K. Matsuoka and S. Nishiwaki. 2004. Increasing trend and abundance estimate of sei whales in the western North Pacific. Document SC/56/O19 presented to the 56th IWC Scientific Committee, 9 pp.
4）Miyashita, T. and H. Kato. 1993. Population estimate of Baird's beaked whales off the Pacific coast of Japan using sighting data collected by R/V SHUNYO MARU in 1991 and 1992. IWC/SC45/SM6. 12 pp.
5）Miyashita, T. 1990. Population estimate of Baird's beaked whales off Japan. IWC/SC/42/SM28. 12 pp.
6）宮下富夫. 2008. 鯨類資源の動向を探る.「日本の哺乳類学③ 水生哺乳類」加藤秀弘 編, 東京大学出版会, 東京, 177-202.

捕鯨業

● 捕鯨業の変遷

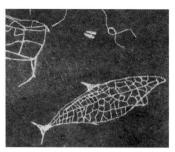

ノルウェー，オスロ郊外，スコーゲルバイエルン洞窟で発見された岩刻画（BC2000年）

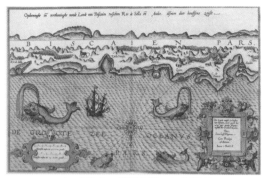

バスク地方の捕鯨を描いた古絵画

捕鯨の発祥は有史以前にさかのぼるが，この捕獲行為が"捕鯨業"として組織化されていくのは欧州では11世紀のバスク地方の鯨組，わが国では12世紀の尾張地方での突組の結成のことになる。欧米では，17世紀初頭になるとスピッツベルゲンや北極地方にまで進出したグリーンランド捕鯨，17世紀にはこれが発展した遠洋式のアメリカ式捕鯨，さらに20世紀初頭には捕鯨の集大成である近代捕鯨（ノルウェー式捕鯨ともよばれる）に発展する。

一方わが国でも，16世紀に紀州太地浦で網取式捕鯨が発祥すると，これが西日本各地に伝播して捕鯨業が盛んとなり，20世紀初頭に近代捕鯨に転換されるまで世界に類をみない捕鯨と鯨食文化の基礎が築かれていく。近代式捕鯨は工船式母船の考案などにより年々機動を強化させ，1900年代初頭にはついに南氷洋にまで進出した。欧米の有力捕鯨国は次々と南氷洋捕鯨に参戦し，1929/30年漁期には英国，ノルウェーなどを主体にシロナガスクジラだけで約3万頭も

17世紀から18世紀に隆盛を極めたアメリカ式捕鯨

初期のノルウェー式捕鯨船

の捕獲を上げ隆盛期に入り，わが国も1938/40年漁期にはじめて母船式船団を送った。その後，第2次世界大戦中の休漁を挟み，1946年には国際的な捕鯨管理機構構築を目指して国際捕鯨取締条約（International Convention for the Regulation of Whaling：ICRW）が締結され，1948年には国際捕鯨委員会（International Whaling Commission：IWC）が設立され，1950年代後半から1960年代前半に再び隆盛期をむかえる。

しかし，1970年代になると鯨油価格の暴落から鯨食文化の希薄な欧米諸国は徐々に捕鯨から撤退しはじめるようになった。1972年に国連人間環境会議で商業捕鯨の存続に対する懸念が議論されると，世界的な鯨類保護の機運が席巻するようになり，IWC国際捕鯨委員会が新管理方式（NMP：New management procedure）を導入するようになると，大型鯨類の相次ぐ個別捕獲規制やそれに続く母船

東京海洋大学構内に保存されている
バーク型捕鯨船（アメリカ式捕鯨船）

式操業規制（ミンククジラを除く）を経て，IWC国際捕鯨委員会の1982年商業捕鯨モラトリアム決議採択へと帰結してゆく。この決議は各鯨種系群の科学的な資源状態とは無関係の強引な取り決めで，数ヵ国が条約に認められた異議申し立てを行ったものの，米国の経済制裁等による圧力によって，結果として1987年漁期を最後にすべての商業捕鯨が停止することとなった。ただし，ノルウェーのみは自主自立の道を選択し，異議申し立てを撤回していなかったために，1993年に商業捕鯨を再開しミンククジラ年間上限670頭を基準に捕獲を持続している（2007年は597頭）。また，アイスランドはモラトリアムに対する異議申し立ての権利を留保した上で再加盟し，2006年に8頭，2007年に6頭の商業捕鯨を強行して注目を集めている。

そのほか2012年度時点における捕鯨業の実態としては，アラスカ・イヌイット，ロシア・チュコト，グリーンランド・イヌイットおよびセントビンセント＆グラナディンを対象に許可されている原住民生存捕鯨，IWC管轄外種を利用する小型鯨類漁業，そして（漁業ではないが）国際捕鯨取締条約第8条に基づく特別採捕調査（捕獲調査）がある。ただし，IWC非加盟国による捕鯨も一部で行われている（カナダのホッキョククジラ，シロイルカ・イッカク漁業など）。

1982年に採択されたこの商業捕鯨モラトリアム決議には，明確に将来"0頭以外の捕獲枠が設定できる"可能性が付帯されていたが，当初は具体的な進展はなかった。しかし，1994年にIWC科学委員会がほぼ10年の歳月をかけて完成させた改訂管理方式（RMP：Revised management procedure）がIWC委員会に承認されると，捕鯨再開に向けた動きも起こるようになり，相変わらず反捕鯨国と捕鯨支持国の議論は膠着しているものの，捕鯨をめぐる流れに再び変化がおとずれている。2006年，セントキッツ＆ネイビスで行われた年次会議において，ほぼ反捕鯨国と同数にまで増加した持続的捕鯨支持国の提案によるいわゆるセントキッツ宣言※が可決されると※※，IWCは捕鯨再開に向かうかのようにみえた。

しかし，その後もこの膠着状態は執拗に続き，2008年この状況に業を煮やした議長のフォーガスが両サイドの主張を相容れたパッケージ調停を開始。さらに翌年での決着を目指したが，米国の政変等の影響によりフォーガスが降板し，IWC正常化に向けた調停は頓挫した。その後IWC正常化の道は放棄されていないものの国際的リーダーの欠落と具体的方策を欠き，将来的に明るい兆しはみえていない。

2016年9月現在の加盟国数は88ヵ国とさらに増加し，反捕鯨国の数が捕鯨支持国をやや上まわっている。

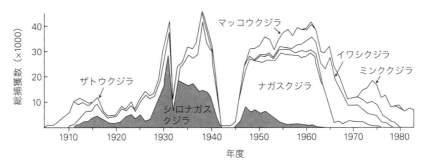

南極海捕鯨における捕鯨鯨種組成の変遷
加藤（1986）を改編。

※ 「IWCはもはやモラトリアムは必要なく，持続的捕鯨を目指して正常化すべき」とする決議。
※※ IWC運営規則である付表などの修正にかかる決議は有効投票の3/4の賛同が必要。

● 捕鯨業の種別

母船式捕鯨業

ノルウェーが考案した工船式母船を基幹とする捕鯨法である。通常，一隻の母船に，4〜10隻の捕鯨船，数隻の冷凍船と油槽船から船団を構成する。捕鯨船で捕獲した鯨体を母船の船尾にあるスリップウェーから母船甲板上に引き揚げ，解剖と加工を行う。欧米の船団では脂皮や骨格からクワナボイラーなどで鯨油生産を行うのみであるが，日本船団では鯨肉の細割，パン立て，冷凍などの食用の加工を母船もしくは冷凍船で行う。1902年の南氷洋捕鯨開始以来，北太平洋母船式操業も行われ，本漁法は近代捕鯨業のシンボル的存在であったが，IWCによって1979/80年漁期からは南氷洋のクロミンククジラを除く母船式捕鯨が停止され，今日に至っている。また，クロミンククジラ操業自体もIWCのモラトリアム決議によって1985/86年漁期から停止となり，日本は2年間条約に認められた異議申し立てのもとで操業を行ったが，1986/87年漁期を最後に商業捕鯨操業を停止した。

一方，日本が1987/88年漁期より母船式南極海鯨類捕獲調査（JARPA），1994年からの北西太平洋鯨類捕獲調査（JARPN）を開始したが，基本的にはこの操業方式を継承している。

捕鯨母船第三日新丸（23,000GT）と右舷側で補給を受ける捕鯨船第一京丸（840GT）

第三日新丸甲板上に揚げられたクロミンククジラと氷山（1979年1月，ロス海）

大型捕鯨業

大型捕鯨業は，陸地に鯨体処理場を設けることから基地式捕鯨ともよばれている。内湾の適地に鯨体処理と鯨油生産を行える処理工場を設け，捕鯨船が沖合で捕獲した鯨体を基地まで運び，鯨体処理

岩手県山田町大沢に設置されていた大型捕鯨基地
日東捕鯨山田事業所（上），捕獲され揚鯨されるマッコウクジラ（左下）と捕鯨船隆邦丸（右下）。

場に引き揚げて解体処理を行う。この操業には300〜900トンの大型捕鯨船が用いられる。

わが国では，1900年に山口県仙崎にて近代捕鯨が開始して以来の漁法で，1987年漁期の商業捕鯨モラトリアム実施まで日本各地（北海道厚岸，釧路，岩手県山田，宮城県鮎川，千葉県和田，東京都小笠原母島，和歌山県太地，大島，長崎県五島ほか）で基地式操業が行われていた。また海外では，ノルウェー，アイスランド，スペインなどの欧州各地，南アフリカ，オーストラリア，ペルー，チリ，ブラジルなどで行われていた捕鯨もこの方式で操業が行われていた。

小型捕鯨業といるか漁業

わが国では古来より小型鯨類（ハクジラ亜目のうちマッコウクジラを除く全種）を対象とした小型鯨類を捕獲する漁業が営まれて，地域的ではあるもののやはりわが国の鯨食文化を支えてきた。ここでは，現在も継続している小型捕鯨業とイルカ漁業について解説する。

小型捕鯨業は農林水産大臣許可漁業で，IWC規制対象外のツチクジラ，コビレゴンドウ等を年間100〜170頭程度捕獲しているが，2009年度の捕獲数はツチクジラ67頭，コビレゴンドウ（マゴンドウ）22頭であった。大型捕鯨同様に，船首砲を備えた捕鯨船を用いるが，総トン数は50トン未満に制限されている。基本的には，陸上の鯨体処理場（北海道函館，網走，宮城県鮎川，千葉県和田，和歌山県太地）に運搬して解体処理を行っているが，かつては北海道東部海域での操業に限り，捕鯨船の船尾甲板に鯨を引き揚げて解体処理を行う船上解体が特例で認められていたこともある。対象資源の調査研究は水産庁遠洋水産研究

小型捕鯨船第28大勝丸とツチクジラ

突棒漁業船，三陸沖（国際水産資源研究所 提供）

所時代より水産研究・教育機構国際水産資源研究所が担当し，水産庁と協調しつつ調査員を派遣し，調査を兼ねつつ操業の監視にあたっている。ノルウェーで行われているミンククジラ捕鯨も，基本的にこの小型捕鯨方式が採用されている。

一方，イルカ漁業は県知事許可漁業であり，IWC管轄外の小型鯨類，スジイルカ，イシイルカ，ハンドウイルカなどを年間11,000〜18,000頭ほど漁獲している。2009年度には11,209頭の捕獲があった。漁法的には，船首波にのるイルカ類を突棒で仕とめる突棒漁業と集団で内湾に追い込む追込み（網）漁業に大別される。前者はイシイルカなどを対象に岩手，北海道，青森，宮城，和歌山など各地で広く行われている。後者は日本独特の漁法でありかつては各地で行われていたようであるが，今日ではハンドウイルカやスジイルカを対象に和歌山県太地および静岡県伊東市富戸地域でのみ行われている。また，沖縄県名護で行われている石弓漁業は船首に大きな鋼鉄製の石弓を設置して，これを引きつつ銛を発射する漁法であり，突棒漁業の一形態とされている。

利用形態は食用が主力であるが，追込み漁法で漁獲されるハンドウイルカについては水族館などにおける飼育展示用としての利用が増加している。漁獲枠は，水産庁が資源量などを考慮して全国枠を設置し，実績などを考慮して各県に漁獲枠を行政指導する方法がとられている。対象資源の調査研究は小型捕鯨同様に水産研究・教育機構国際水産資源研究所が担当して，各県の水産試験場などと協力して漁獲物調査や資源調査を行っている。海外では，東アフリカのギニア，カリブ海のセントルシ

ア，ドミニカなど，アジア地域ではソロモン諸島などで小型鯨類を対象とした漁業が行われている。かつては，トルコや南米でも同様な漁業が行われていた。

原住民生存捕鯨

IWCは先住民による文化伝統的捕鯨を，先進国が行ってきた商業捕鯨と区別して操業を認めている。対象種はほとんどが商業捕鯨下では保護資源に区分されている系群であり，科学的にはダブルスタンダードの誹りを免れない。ただし，近年では本カテゴリーの捕鯨管理にも強化が図られ，依然として基準は甘いが商業捕鯨対象である改訂管理方式（後述）に類似した管理手法を採用しつつある。

米国では，アラスカにおいてイヌイットが資源状況の比較的良いホッキョククジラ（ベーリングーチュコトービュフォート海系群：BCB）を対象に捕鯨を行い，現在では5年間（最新は2003～2008年）で280頭（年間67頭を超えない）の枠の下に，40～60頭程度の捕獲を行っている。捕獲季は春と夏に分かれ，春季にはイヌイットの伝統的捕獲が行われている。また，オレゴン州のマカ族もコククジラ（東部系群）の捕獲を行った実績がある（2007年の1頭）。ロシアでは，極東シベリアの少数民族チュコト族による，コククジラ（東部系群）の捕獲が行われており，5年間（最新は2003～2008年）で計620頭（年間140頭を超えない）の枠の下に，年間110～130頭程度の捕獲が行われている。また，文化伝統的配慮から，近年ではホッキョククジラBCB系群から1～3頭の捕獲を認められている。

グリーンランドでは，古くからイヌイットによる持続的伝統的捕獲が行われており，西グリーンランドでは，5年間（最新は2003～2008年）でナガスクジラ計16頭，ミンククジラ年間200頭の捕獲枠の下にナガスクジラは年間10頭以下，ミンククジラ170～180頭前後の捕獲が行われている。また，2008年度よりホッキョククジラ年間2頭が認められた。また，東グリーンランドでも，年間12頭の捕獲枠の下に数頭のミンククジラが捕獲されている。カリブ海のセントビンセント・グラナディンでは，ザトウクジラ1～2頭が捕獲されてきたが，2008年より5年間で20頭の捕獲枠が認められた。

IWC加盟国外のカナダでは，カナダ政府の権限によりイヌイットがホッキョククジラ数頭を捕獲している。また，同じく加盟国外のインドネシア・レンバタ島でマッコウクジラが捕獲されているが実態はあまり知られていない。

鯨類捕獲調査（調査捕鯨）

国際捕鯨取締条約第8条に基づく，科学目的の鯨類特別捕獲調査である。南極海では，生物学的特性値の獲得を主目的とした南極海鯨類捕獲調査（JARPA：1986/87漁期に開始。クロミンククジラを年間440頭まで捕獲）が行われていたが，南極海鯨類捕獲調査は2005/06漁期より生態系モニタリングを主体とした第二期調査（JARPA II）となり，クロミンククジラを年間850頭，ナガスクジラ10頭を上限として調査が行われている。実施主体は調査発足以来，（一財）日本鯨類研究所が担当している。近年ではシーシェパードなどの反捕鯨団体の妨害活動が激しく，2010/11年漁期には事故発生への危惧から，農林水産大臣の判断により調査を中断する事態に至り，今後の動静が注目されている。

沿岸域の捕獲調査で計測されるミンククジラ

一方，北西太平洋域では1995～1999年に，ミンククジラの系群構造解明を目的とした捕獲調査（上限は年間100頭）が行われていたが，現在では漁業との競合問題の解決を目指した生態系調査に移行

している（第二期北西太平洋鯨類捕獲調査JARPN II：2009年度の採集上限頭数はミンククジラ沖合域100頭，沿岸域120頭，ニタリクジラ50頭，イワシクジラ100頭，マッコウクジラ10頭）。なお，2002年からは地域沿岸漁業と鯨類の競合解明を目指した沿岸域鯨類捕獲調査が行われており，春季に三陸沖仙台湾，秋季に北海道道東釧路沖にてそれぞれミンククジラ60頭を上限に調査が行われている。

実施は日本政府（農林水産大臣）の採捕許可発給のもと，従来は(財)日本鯨類研究所が実施主体となって調査が実施されていたが，現在では地域捕鯨推進協会へ移行した。各捕獲調査の計画立案と分析は，(一財)日本鯨類研究所のほか，水産研究・教育機構国際水産資源研究所や東京海洋大学などが協同して行っている。科学調査自体の主管機関はJARPA IIとJARPN II沖合域調査を(一財)日本鯨類研究所が，JARPN II沿岸域調査（2002年より）は水産研究・教育機構国際水産資源研究所と(一財)日本鯨類研究所が担当している。沿岸域調査については春季は宮城県石巻市沖合，秋季は釧路市沖合で行われてきたが，2011年には東日本大震災の影響により，春季調査も釧路市沖合で行われた。なお，鯨類捕獲調査は加盟国の権限で行えるものであるが，調査計画自体は事前にIWC科学委員会に提出し，成果についても所定のレビューを受けなければならない。

南極海鯨類捕獲調査，クロミンククジラの骨の計測（日本鯨類研究所 提供）

南極海鯨類捕獲調査（JARPA II）の調査風景
日新丸（7800GT）船上。日本鯨類研究所パンフレットより。

さて，鯨類捕獲調査，とりわけ南極海鯨類捕獲調査をめぐる近縁の重要な動きとしてオーストラリア政府が提訴している国際司法裁判について以下にふれておく。

鯨類捕獲調査は事実上の商業捕鯨であるとして，一部の加盟国や反捕鯨団体が実力行使を含む反対行動を展開しているが，国際捕鯨取締条約第8条は，加盟国政府が科学的研究のための捕獲を許可できることを明確に規定しており，また調査後の鯨体の有効利用も義務としていることから，国際法上，正当な調査であることは明らかである。また，現在日本が実施中の鯨類捕獲調査の計画は，IWC科学委員会における鯨類資源管理の改善に必要な事項の科学的解明を主眼とし，実際に多くの科学的知見を提供しており，科学的にも正当性がある。一方，オーストラリア政府は，「日本が南極海においてJARPA IIを実施することにより，IWCの商業捕鯨モラトリアムなどの国際義務に違反している」として，2010年5月31日に，日本国政府を相手どり国際司法裁判所に提訴した。オーストラリア政府は，JARPA IIの規模が大きく，また鯨類資源の保全と管理との関連性が示されていないこと，捕獲対象種の資源に対するリスクがあること，副産物である鯨肉が商業販売に出されていることなどを主張し，JARPA IIは国際捕鯨取締条約第8条の下で正当化しえないと結論している。しかし，IWC科学委員会によって調査計画が事前に，研究成果も同様にレビューが行われている現状からすると，オーストラリア政府の主張には構造的に基本的な無理があり，またなによりも鯨類保存管理を具体的に改善するという，共通のゴールへの背離を禁じえない。裁判は2013年6月に審議が開始され，2014年

3月に結審した。訴訟はJARPA II捕獲調査の是非をめぐり7つの項目で争われたが，最終的判決では日本は敗訴したものの，オーストラリアの主張する捕獲調査自体の不当性や(8条で認められている)鯨肉の利用の不当性については退けられた。ただ，2014年2月にIWC科学委員会が行ったJARPA II評価会議では科学的に高評価を受けていたものの，この評価結果がICJ訴訟には反映されなかった点が問題点として残された。

ICJ訴訟は一審制のため，日本政府はJARPA II計画の中止を取り決める一方，2014年11月南極海を対象とした新調査計画をIWCへ提出した。その後，2015年12月に新計画のもとで南極海に鯨類調査船団を送り出し，その後の動静が注目されている。一方，北西太平洋で行われているJARPN II計画は訴訟対象ではなかったが，日本政府はICJ判決を考慮して，捕獲しないで調査が可能かどうかの実行可能性を精査するため2014年から捕獲などの一部を削減，イワシクジラを100頭から90頭に，ニタリクジラは50頭から25頭に，ミンククジラ220頭を102頭に採集頭数を減少させた。なおJARPN II計画は2016年にて終了し，2017年からは新計画が策定される予定である。

科学許可による捕獲調査採捕頭数は巻末資料に示した。

世界の捕鯨の歴史

古代捕鯨

- 前2200ころ　最古の捕鯨と思われる壁画（ノルウェーで発見）
- 1000-1200　バスク人がビスケー湾で大型クジラ（セミクジラ）を目的とする組織的捕鯨を開始
- 1596　オランダ人，北氷洋航路開拓途上，スピッツベルゲン島を発見。同海域に鯨類資源が豊富なことを報告
- 1603　イギリスにグリーンランド捕鯨が目的の捕鯨会社設立
- 1612　オランダ，グリーンランド捕鯨に進出。ドイツ，デンマーク，スペイン，フランスも参加
- 1623　オランダ，スピッツベルゲン島に捕鯨街（スミレンブルグ）を建設
- 1633ころ　グリーンランド捕鯨の最盛期
- 1719　スピッツベルゲン島近海のクジラ資源減少で，グリーンランド本島近海に主要漁場が移る
- 1720ころ　グリーンランド捕鯨，再び最盛期をむかえる
- 1790　グリーンランド近海の捕鯨は減少のきざしをみせ，同捕鯨の衰退が始まる
- 1850　グリーンランド捕鯨はほぼ終結する

アメリカ式捕鯨

- 1614　アメリカ，ニューイングランド近海で，セミクジラを対象とした捕鯨を始める
- 1712　マッコウクジラが沖合いで捕獲されたのを契機にアメリカ式捕鯨が外洋へ発展
- 1715　ナンタケット（アメリカ）近辺に6ヵ所の捕鯨基地できる。1730年ころの捕鯨船数20隻
- 1732　捕鯨船団，グリーンランドのデービス海峡に至り，以降大西洋海域に進出
- 1750ころ　マッコウクジラの捕獲増大，マッコウ鯨油からのろうそく工場発展
- 1763　捕鯨船団，大西洋の漁場荒廃でインド洋に進出
- 1775　アメリカ独立戦争，捕鯨業に打撃
- 1787　イギリス捕鯨船団，太平洋（オーストラリア沖，タスマニア沖）に進出
- 1791　アメリカ捕鯨船，南太平洋東部に進出，主要漁場は太平洋へ移る
- 1821　ナンタケットの捕鯨船団，日本の金華山沖にマッコウクジラの好漁場を発見し，操業
- 1835　アメリカ式捕鯨の最盛期
- 1846　ハワイに寄港した捕鯨船596隻，ロバート・アレンがボンブラバス銃を発明，アメリカ式捕鯨に導入
- 1851　メルビル，「白鯨」を著す
- 1859　ペンシルベニア州で石油発見，以降鯨油利用激減
- 1869　アメリカ式捕鯨の主要基地は太平洋側のサンフランシスコに移る
- 1870-1880　漁場の荒廃，石油の発見，ゴールドラッシュによる労働者の移動で，アメリカ式捕鯨衰退
- 1898　アメリカ式捕鯨，事実上終結

近代捕鯨（ノルウェー式捕鯨）

- 1863　ノルウェーのS.フォイン，ノルウェー式捕鯨砲考案。ナガスクジラ，シロナガスクジラの捕獲が可能になる
- 1880　ニシン漁業との関係から，ノルウェー沿岸捕鯨に禁漁期が設けられ，外洋に進出
- 1894　フェロー諸島に捕鯨基地を設ける
- 1897　イギリス，ニューファンドランド島に基地を設け，ノルウェー式捕鯨を開始
- 1901　ノルウェーのランセン，南極探検に参加し，南氷洋の鯨類資源を確認
- 1906　イギリス，フォークランドおよびサウス・ジョージア海域の捕鯨を許可制にする
- 1924　スリップウェーをもつ捕鯨母船ランシング号建造
- 1929　ノルウェー，セミクジラの捕鯨禁止などを含むクジラ保護法（国内法）
- 1930　国際捕鯨局，ノルウェーのベルゲンに設置。南氷洋に41船団出漁
- 1937　イギリス，ノルウェーなどの捕鯨国を中心に国際捕鯨取締協定設立
- 1941-1945　第二次世界大戦，捕鯨業大打撃
- 1945　南氷洋捕鯨復興。イギリス，ノルウェー6船団出漁
- 1946　国際捕鯨取締条約，15ヵ国で署名，IWC設立
- 1961　戦後最高の21船団が南氷洋に出漁
- 1962　南氷洋のヒゲクジラの捕獲総枠制（オリンピック方式）をやめ，国別割当協定を設定
- 1971　アメリカが捕鯨から撤退，南氷洋のミンククジラの資源開発始まる
- 1972　ストックホルムの国連人間環境会議で商業捕鯨の10年間停止を決議。このころより反捕鯨運動が活発化。BWU制度撤廃，完全鯨種別規制となる。国際監視員制度実施
- 1977　アメリカ，パックウッド・マグナソン修正法制定
- 1979　IWCへの非捕鯨国の加盟増加
- 1981　南氷洋出漁の船団はソ連，日本の各1船団となる
- 1982　段階的商業捕鯨モラトリアム提案，可決される。日本，ノルウェー，ソ連，ペルーは異議申し立て
- 1985　商業捕鯨モラトリアム施行
- 1987-1988　日本，ノルウェー，ソ連，ペルーは商業捕鯨を停止。
- 1993　ノルウェーは異議申し立て下で，商業捕鯨を再開。ミンククジラ年間捕鯨頭数670頭を基準に操業を行う。
- 1993　IWC科学委員会RMP改訂管理方式を完成
- 1994　IWC本委員会RMP承認するが，その運用については合意せず
- 2006　セントキッツ宣言（IWC正常化決議）可決
- 2008　フォーガス議長によるパッケージ調停始まる
- 2010　パッケージ調停、実質的に破綻
- 2012　IWC委員会総会の隔年開催を決める

日本の捕鯨の歴史

弓取式捕鯨

- 400ころ　弁天島貝塚より捕鯨図の線刻された骨器出土
- 712　「古事記」成立，文中にクジラが登場
- 1217　紀州太地浦で槍，弓，刀などでクジラを捕獲

突取式捕鯨

- 1570ころ　三河国内海，尾張，伊勢湾において矛による捕鯨始まる
- 1606　和田頼元，紀州太地浦にて突取式による組織的な捕鯨〈刺し手組〉開始
- 1624　土佐国室戸にて多田五郎により，突取式捕鯨開始。以後，的山，安房勝山などに捕鯨基地できる
- 1636　太地浦に鯨油を用いた日本初の灯台ができる

網取式捕鯨

- 1675　和田惣右衛門が網取式捕鯨考案。捕鯨対象鯨種が増え，急速に発展(捕鯨数は最高でも年300頭程度で，同時代のアメリカ式捕鯨には遠くおよばない)
- 1683　網取式，網取式捕鯨，土佐に伝えられる
- 1688　井原西鶴「日本永代蔵」に太地浦捕鯨に関する詳細な記述
- 1760　山瀬春政「鯨志」を著す
- 1789　九州方面の捕鯨基地，26漁場となる
- 1808　大槻清準「鯨史稿」を著す
- 1820-1830　網取式捕鯨の最盛期。太地，古座など30ヵ所
- 1822　イギリス捕鯨船が薪，水を求めて浦賀に入港
- 1841　ジョン万次郎，鳥島に漂着。アメリカ捕鯨船に救出される。帰国後アメリカ式捕鯨を紹介
- 1853　ペリー，浦賀に来航，開国要求の目的は捕鯨船の補給基地の確保にあった
- 1858　ボンブランス銃を装備したアメリカ式捕鯨船レビット号箱館に来航

ボンブランス銃併用捕鯨

- 1894　関沢明清，ボンブランス銃を実際に使用

ノルウェー式捕鯨

- 1899　岡十郎，ノルウェー式捕鯨による日本遠洋漁業株式会社を設立。本拠地を山口県仙崎におく
- 1903　長崎合資会社設立，ノルウェー式捕鯨を始める
- 1904　呼子小川島捕鯨基地での網取式操業が終わり，同捕鯨が終結
- 1909　日本初の捕鯨規制(鯨漁取締規制)公布
- 1934　母船式漁業取締規制(国内法)できる。南氷洋へ図南丸が出漁
- 1936　大洋漁業の日新丸が南氷洋へ出漁
- 1937　世界初のディーゼル捕鯨船，関丸が南氷洋へ出漁
- 1940　日本水産，大洋漁業，極洋3社合同の北太平洋母船式捕鯨が始まる
- 1941　第2次世界大戦により南氷洋捕鯨は休漁
- 1946　国際捕鯨取締条約に日本は加盟を許可されず，食糧事情打開のためGHQの許可により，小笠原近海へ捕鯨船団が出漁。また橋立丸が南氷洋へ
- 1947　(財)鯨類研究所設立，クジラ資源の調査研究始まる
- 1951　IWCに加盟，平田森三が平頭銛考案
- 1952　北太平洋母船式操業を再開
- 1960　南氷洋に7船団出漁(最盛期)
- 1967　水産庁遠洋水産研究所が設立され，鯨類資源研究室が資源研究を担当することとなる
- 1971　南氷洋のミンククジラの資源開発始まる
- 1976　日水，大洋，極洋の捕鯨部が統合され，日本共同捕鯨株式会社が設立される
- 1977　南氷洋出漁が1船団となる
- 1979　北太平洋での母船式捕鯨終結。沿岸式捕鯨のみ残る
- 1980　ミンククジラに対する爆発銛の開発実験開始
- 1982　段階的商業捕鯨禁止提案の可決に対し，日本はノルウェー，ソ連，ペルーなどとともに異議申し立て
- 1985　商業捕鯨モラトリアム施行，日本とノルウェーは異議申し立て下で商業捕鯨を継続
- 1987　日本，米国の圧力等により商業捕鯨モラトリアム受諾。同年9月，旧(財)鯨類研究所閉所。10月(財)日本鯨類研究所が発足し，同所を実施主体として南極海鯨類捕獲調査(JARPA)が開始される。また，共同捕鯨は解散し，共同船舶株式会社が設立される
- 1994　北西太平洋鯨類捕獲調査(JARPN)が開始される
- 2002　第二期北西太平洋鯨類捕獲調査(JARPN II)が開始され，鮎川，釧路を根拠地とする沿岸域調査が始まる
- 2005　第二期南極海鯨類捕獲調査(JARPA II)が開始される
- 2010　オーストラリアがJARPA IIを違法として国際司法裁判所(ICJ)に提訴
- 2011　シーシェパードの妨害によりJARPA II中途帰港
- 2013　ICJにて調査捕鯨裁判の審議が始まる
- 2014　ICJ調査捕鯨裁判結審。JARPA IIを国際捕鯨取締条約の要件を満たしていないとされた
- 2015　日本はJARPA IIを中止し，新たに新計画(New Rep. A)を開始

国際捕鯨委員会(International Whaling Commission：IWC)

　国際捕鯨委員会は，第2次世界大戦後の1946年12月に15ヵ国(アルゼンチン，オーストラリア，ブラジル，カナダ，チリ，デンマーク，フランス，オランダ，ニュージーランド，ノルウェー，ペルー，ソ連，イギリス，アメリカ，南アフリカ)によって署名され，1948年に発効した国際捕鯨取締条約(International Convention for the Regulation of Whaling)の下に設立された国際機関であり，全世界の捕鯨業と鯨類資源の保護管理を担っている。条約前文に明示されているように，鯨類資源を適切に保存しつつ，捕鯨産業の秩序ある健全な発展に寄与することを目的に設立された条約であるが，その条約本来の目的に重きを置かない勢力が台頭し，現在の二極化が顕在化している。

● IWC国際捕鯨委員会の組織

　IWC国際捕鯨委員会は加盟国政府代表(コミッショナー)によって構成される本委員会(Commission)の下に各専門委員会(Committee)が設立されている。専門委員会は，従来は科学委員会，技術委員会と財政運営委員会であったが，2003年より保護委員会が加わった。年次会議における基本的な役割は，まず科学委員会が資源の診断と捕獲枠の設定を行い，ついで開催される技術委員会で実施上の問題点を議論し，最終的に本委員会で決定を行う方式となっている。

　しかし，商業捕鯨モラトリアム施行後は，科学委員会ではモラトリアムと同時に決議された包括的評価

国際捕鯨取締条約に署名する各国代表
IWCウェブサイトより。

の実施と改訂管理方式の開発が熱心に行われる一方，モラトリアム実施で実質的に存在価値の失われた技術委員会は近年ではほとんど開催されていない。また，2003年に設立された保護委員会はIWCの組織目標をめぐる政治的な駆け引きによって成立した背景もあり，持続的利用支持国はほとんど参加していない。

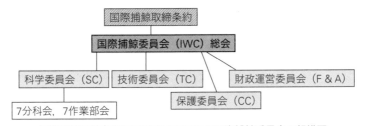

国際捕鯨取締条約下に設立されている国際捕鯨委員会の組織図
加藤(2010)より。

● 加盟国の変遷

　前述のようにIWCは1948年に15ヵ国で発足したが，当初の30年間はあまり加盟国数の変動はなく，捕鯨国主導の会議運営が続いていた。しかし，1970年代後半になると欧米諸国が捕鯨から撤退しはじめたことや世界的な鯨類保護の機運により反捕鯨国の加盟が相次ぐようになり，捕鯨国は少数派に転落し，1982年にはとうとう商業捕鯨モラトリアムが可決するに至った。以後2000年までは加盟国数は40ヵ国前後でほとんど変化がなく，構成も反捕鯨国がやや優勢の状況がつづくが，2001年

鯨と人とのかかわり

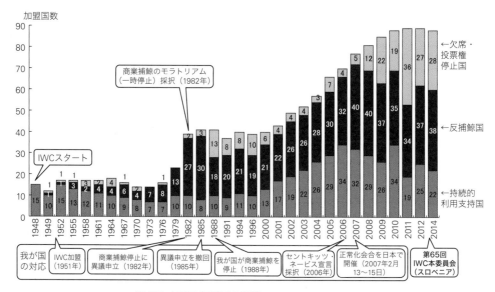

IWCにおける加盟国の変遷
水産庁ウェブサイト「捕鯨の部屋」より（2016年）。

から沿岸海域での漁業問題に苦しむカリブ海や東アフリカ地域の開発途上国、さらにアジア各国が加盟するようになった。その結果徐々に捕鯨支持派が増加し、2006年には反捕鯨派をわずかに上まわり、両派の勢力はほぼ拮抗した状況となった。IWCにおける重要事項、つまり条約附表修正を伴う決議については投票する加盟国の3/4の賛成を獲得することが必要であり、捕鯨支持派の宿願である商業捕鯨の再開、あるいは反捕鯨国が熱望するモラトリアムの延長やサンクチュアリーの設定については、どちらも決議に必要な票数が獲得できない膠着状態が続いた。2008年この状況に業を煮やした議長のフォーガスが双方の主張を相容れたパッケージ調整を開始。さらに翌年での決着を目指したが、米国の政変等の影響によりフォーガスが降板し、IWC正常化に向けた調停は頓挫した。その後IWC正常化の道は放棄されていないものの国際的リーダーの欠落と具体的方策を欠き、将来的に明るい兆しはみえていない。

2016年9月現在の加盟国数は88ヵ国とさらに増加し、反捕鯨国の数がやや上まわっている。

● IWC科学委員会

IWC全体を通じ、もっとも活発な組織は科学委員会（Scientific Committee）であり、加盟国派遣研究者、招聘専門家、国際機関オブザーバーからなる。IWC最大の専門委員会で、2009年現在のメンバーは約170人。本委員会年次会議の前に約2週間（長いときは20日間）の集中審議を行うほか年次会議以外の期間にも特別会議や作業部会等が頻繁に開催され、近年では電子メールによるデジタル会議も活発である。

商業捕鯨モラトリアム実施以前は毎年、本委員会前に各種系群ごとに資源を分析評価して、捕獲枠を本委員会に勧告することを主業務としてきたが、モラトリアム以降は同提案に付帯されていた事項である、各資源の包括的評価（最善最新のデータを最良の手法で分析する）の実施、改訂管理方式（RMP：Revised Management Procedure）の開発を主体に活動してきた。現在改訂管理方式の開発は終了し、包括的評価の済んだ資源を対象にパフォーマンス運用試験を実施している。また、近年では捕獲調査の評価に係る活動のほかに、環境問題や混獲問題、さらにホエールウォッチングに関する活動も行われるようになってきている。科学委員会は、通例、目的別に分かれた分科会で1週間程度詳

細な検討を行って各報告書を上程し，その後科学委員会全体会議にて最終検討を行う討議形式を採用してきている。年代によって分科会構成は異なるが，2016年年次会議での分科会構成は以下のとおりである。

　　　改訂管理方式分科会
　　　保護資源(ホッキョククジラ，セミクジラ，コククジラ)分科会
　　　詳細資源評価分科会
　　　南半球産鯨類分科会
　　　捕獲調査評価分科会
　　　混獲及び人為的減耗評価分科会
　　　ホエールウォッチング分科会
　　　原住民生存捕鯨管理作業グループ
　　　北西太平洋ミンククジラ作業グループ
　　　系群識別に関する作業グループ
　　　環境評価作業グループ
　　　環境モデリング作業グループ
　　　DNA作業グループ

　また，IWC科学委員会は会議関連の活動だけではなく，独自の科学調査プログラムも有しており，もっとも大規模なプログラムが南大洋鯨類生態系総合調査計画(SOWER：Southern Ocean Whale and Ecosystem Research)であり，現在この計画の下にクロミンククジラの資源評価調査とシロナガスクジラ回復計画が行われている。この計画はIWCが1990年代なかばまで行っていた国際鯨類調査十ヵ年計画(IDCR：International Decade of Cetacean Research)が発展したものである

● 管理手法の変遷

　国際的な鯨類資源の保護管理の試みは，1931年に国際連盟の下に締結されたジュネーブ条約(通称；16ヵ国が署名)をはじめとする。この条約は，実際的な面からは十分に機能したとは言い難いが，これに続く国際捕鯨協定(1937年)や第二次世界大戦後の国際捕鯨取締条約(1946年)の礎となった。

　今日の鯨類管理の基礎となっている国際捕鯨取締条約は，1946年に戦勝国を中心に15ヵ国が署名して，1948年に発効。同条約に基づき，翌1949年にロンドンにて第1回国際捕鯨委員会(International Whaling Commission：IWC)が開催された。当然ながら敗戦国の日本は加盟を許されなかったが，サンフランシスコ講和条約に先立つ，1951年に連合国軍最高司令部の庇護の下に加盟が承認され，日本の国際舞台復帰の先駆けとなった。

　IWCが採用した管理方式は，いわゆるシロナガスクジラ換算方式(Blue Whale Unit：BWU)である。この方式は，鯨種を特定せずに総枠によって管理し，捕獲枠はシロナガスクジラの産油量を基準に各鯨種の捕獲頭数を換算する。1BWUあたりの各鯨種の比率は以下のとおりである。

　　　1BWU ＝ シロナガスクジラ1頭
　　　　　　＝ ナガスクジラ2頭
　　　　　　＝ ザトウクジラ2.5頭
　　　　　　＝ イワシクジラ6頭

　IWCは南極海の総枠を16,000BWUとして管理をスタート，さらに1958年までは国別配分を行わず，早い者勝ちのオリンピック方式を導入していた。しかし，下部機関である科学委員会による再三の捕獲枠減少勧告にもかかわらず，10年間で総枠をわずかに15,000BWUに減少させたにすぎず，また捕獲枠決定方式自体にも具体的方策を欠くことや管理上の不都合が生じた。

　しかし，1970年代になると，欧米捕鯨国の撤退や世界的な環境保護の機運から急速に資源管理が

強化され，BWU管理制度を撤廃し，1975年からいわゆる"新管理方式(NMP)"が導入された。この新管理方式のもとでは，鯨種別，さらにそれを超えて系群別(暫定的に管理海区別)管理が導入され，MSY理論に基づいて，対象資源をMSY水準と現在資源水準との対比から①初期管理資源(MSY水準を20％以上上まわる)，②維持管理資源(＋20％〜－10％)，③保護管理資源(－10％以上下まわる)に区分し，捕獲をそれぞれMSY量の90％，0〜90％，0の範囲で定める方式が採用された。この新管理方式によって多くの系群が保護資源に組み入れられ，1970年代中期以降捕鯨業は急速に縮小してゆくことになった。

しかし，1980年代になると新管理方式にも初期資源量の推定方法や，情報の不確実性に弱いなどの欠点が指摘され，これらの不備が商業捕鯨モラトリアムの理由の一つにもあげられた。IWC科学委員会は，これらの欠点を克服するため，1993年に"改訂管理方式(RMP：Revised management procedure)"を完成させた。RMPは最大の経済的効率と資源の保護を両立させ，資源モデルへの入力情報の推定精度に応じて捕獲枠を調整し，また資源調査を同時に行いつつ，結果をフィードバックさせる機構を導入したもので，科学委員会は全会一致でこの方式に合意し，1993年IWC総会へ採用を勧告した。しかし，IWC総会は翌1994年に科学的原則は採用したものの，その運用にはなお詳細な"改訂管理制度(RMS：Revised management scheme)の議論が必要として，2011年時点でなお採用に至っていない。RMPはIWC本委員会にて採択されたものの，RMPをもとにしたRMSが採択されていないため，条約附表上はいまだにNMPが効力をもっている。

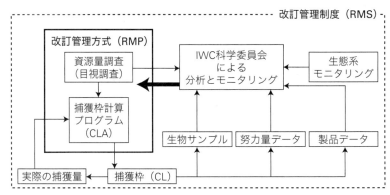

IWCが1994年に採択した改訂管理方式(RMP)とその運用ための改訂管理制度(RMS)

IWC加盟国リスト(2016年9月現在)

加盟国	加盟年月日(日/月/年)	加盟国	加盟年月日(日/月/年)
Antigua&Barbuda	21/07/82	Kiribati	28/12/04
Argentina	18/05/60	Republic of Korea	29/12/78
Australia	10/11/48	Laos	22/05/07
Austria	20/05/94	Lithuania	25/11/08
Belgium	15/07/04	Luxembourg	10/06/05
Belize	17/06/03	Mali	17/08/04
Benin	26/04/02	Republic of the Marshall Islands	01/06/06
Brazil	04/01/74	Mauritania	23/12/03
Bulgaria	10/08/09	Mexico	30/06/49
Cambodia	01/06/06	Monaco	15/03/82
Cameroon	14/06/05	Mongolia	16/05/02
Chile	06/07/79	Morocco	12/02/01
People's Republic of China	24/09/80	Nauru	15/06/05
Colombia	22/03/11	Netherlands	14/06/77
Republic of the Congo	29/05/08	New Zealand	15/06/76
Costa Rica	24/07/81	Nicaragua	05/06/03
Côte d'Ivoire	08/07/04	Norway	03/03/48
Croatia	10/01/07	Oman	15/07/80
Cyprus	26/02/07	Republic of Palau	08/05/02
Czech Republic	26/01/05	Panama	12/06/01
Denmark	23/05/50	Peru	18/06/79
Dominica	18/06/92	Poland	17/04/09
Dominican Republic	30/07/08	Portugal	14/05/02
Ecuador	10/05/07	Romania	09/04/08
Eritrea	10/10/07	Russian Federation	10/11/48
Estonia	07/01/09	San Marino	16/04/02
Finland	23/02/83	St Kitts and Nevis	24/06/92
France	03/12/48	St Lucia	29/06/81
Gabon	08/05/02	St Vincent & The Grenadines	22/07/81
The Gambia	17/05/05	Senegal	15/07/82
Germany	02/07/82	Slovak Republic	22/03/05
Republic of the Ghana	17/07/09	Slovenia	20/09/06
Grenada	07/04/93	Solomon Islands	10/05/93
Guatemala	16/05/06	South Africa	10/11/48
Guinea-Bissau	29/05/07	Spain	06/07/79
Republic of Guinea	21/06/00	Suriname	15/07/04
Hungary	01/05/04	Sweden	15/06/79
Iceland	10/10/02	Switzerland	29/05/80
India	09/03/81	Tanzania	23/06/08
Ireland	02/01/85	Togo	15/06/05
Israel	07/06/06	Tuvalu	30/06/04
Italy	06/02/98	UK	10/11/48
Japan	21/04/51	Uruguay	27/09/07
Kenya	02/12/81	USA	10/11/48

鯨類と超高速船

ごく最近こそ小康状態にあるものの，ここ数年は水中翼型超高速船（以下超高速船とする）と大型海洋生物との衝突が相次ぎ，運航関係者を悩ませ続けてきた。過去6年間での国内での衝突件数は19件に及んでおり，とくに国外ではあるが，2007年4月には釜山港外で死者1名負傷者102名をだす事態まで生じている。これらの惨事は海難審判の対象となる場合も多く，その要因についてはきわめて慎重に表現されてきているが，ほとんどのケースにおいて大型海洋生物は鯨類を指していると考えてほぼ差し支えない。

翼走航行型超高速船ジェットフォイル

鯨類と船舶の衝突については，欧州では2000年前後からUNEP/CMS（移動性野生動物保護に関するボン条約）をベースとしたASCOBAN等においてその懸念が指摘されはじめ，相前後して鯨類問題の総本山であるIWC国際捕鯨委員会においても議論が始まるようになった。

IWCは捕鯨と反捕鯨の間で翻弄されてきたが，欧米諸国の捕鯨撤退を機に1970年代なかば以降急速に保護姿勢を強め，1983年には商業捕鯨モラトリアムを決議以後，多数派の反捕鯨国主導の会議運営が続いた。しかし，1990年代後期になると開発途上国の加入により持続的利用支持国が増加，2006年には加盟国数は74ヵ国となる一方，両勢力がほぼ拮抗する状況となり，以後IWCは膠着期を迎えている。

こうした変遷のなかで，IWCでは条約本来の目的である大型鯨類資源の保護管理以外の活動，つまり環境問題と鯨類の関係についての活動などが活発化し，この一環として鯨類と超高速船との衝突問題も注目を浴びるようになった。そして，2008年，チリ・サンチャゴで開催された第60回IWC年次総会ではオランダ提案によりIMO（国際海事機構）と連携が強化され，2009年6月ポルトガル・マデイラ島で開催された第61回会議でもこの路線が推進されている。

● なぜ回避プロジェクトが必要か？

IWCやASCOBAN，さらにIMOにおいては，鯨類と超高速船の衝突を「鯨類の生存を脅かす脅威の一つ」としてとらえ，その抑止をはかることに主眼がおかれている。その方策はきわめてシンプルで，鯨類の出現する海域では着底減速させ，衝突を回避させることで決着をつける。しかし，これでは問題の解決にはならない…というのが筆者の考え方であり，研究プロジェクトが必要な理由でもある。四方を海に囲まれたわが国には，現在1億3千万弱の人々が暮らしている。しかし，地方においても人口は都市部に過度に集中する一方，郊外や山間部では極端な過疎化が進んでいる。地方集落の没落は環境と調和のとれた山里を破壊し，開発計画が頓挫し中途半端に放棄された中堅都市ではさらに悲惨な末路が待っている。島嶼とて例外ではなく，いったん開発の進んだ離島の過疎化は島嶼全体を荒廃させ，海岸線の環境破壊と撹乱を招き，やがて撹乱は沖合域に浸透してゆく。超高速船の就航は島嶼部の過疎化を防ぎ，離島と本土の距離感を確実に縮める。距離感の縮まった人の往来により，適切な啓蒙教育と環境行政を構築して，環境と調和した里島（？）や里海をつくり，海洋環境を現実に護っていく。鯨類との衝突によって生じるリスクを高速船側の視点から解決してゆくべきと考えている。

● 東京海洋大学・鯨類超高速船衝突回避研究プロジェクト

　国土交通省海事局は，いわゆる佐多岬沖の超高速船トッピー衝突事故の発生(2006年4月)を契機として，2006年4月に「超高速船に関する安全対策検討委員会」を発足させた。衝突要因として鯨類との衝突の可能性も大いに懸念されたことから，筆者も学識経験者として参画させていただいた（正式な最終報告書が2009年4月に公表されている）。

　東京海洋大学鯨類学研究室では，この検討委員会下に設置されたワーキンググループをベースに，水中翼型超高速船の主流であるジェットフォイル(以下JFとする)のメーカーである川崎造船，メンテナンスを担当する川重ジェイピーエス，JF運航会社である佐渡汽船および東海汽船のご協力をあおぎつつ，衝突回避研究を展開している。以下に筆者らの担当するプロジェクトを概説しておきたい。

　現行のJF型超高速船にはUWS(Under Water Speaker)が搭載され，ここからある種の音波を出し，クジラへの忌避効果を狙っている。しかし，鯨類(ヒゲクジラ亜目14種とハクジラ亜目75種の計89種)は種によって音響特性が大きく異なり，とくに海洋に高度に適応したヒゲクジラ類と祖先である陸生哺乳類の名残が残るハクジラ類では大きく異なり，現行のUWSの有用性には疑問も残る。おのおのの種，とくに飼育困難な大型鯨類がどのような音を聞いているのかは定かではない。しかし，とりあえず自ら発生している鳴き音は仲間にも聞こえると仮定して作業を進めておき，別途衝突危険鯨種の可聴域特定にチャレンジしていきたい。

　このため以下の二つのサブプロジェクトを設定している。
　(1) 航路上における鯨類相とその季節的変動を明確にして，衝突危険鯨種を特定し，危険種の音響特性をUWSに反映させる：①就航船による既存の通常目視データの分析，②探鯨専

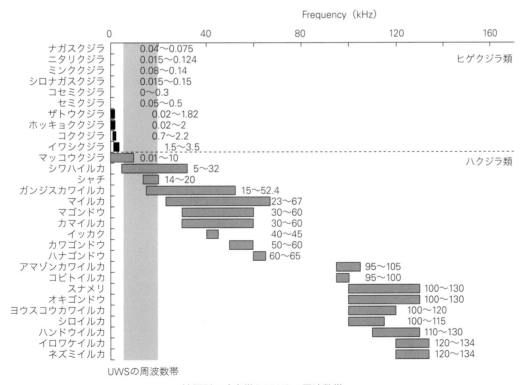

鯨類別の鳴音帯とUWSの周波数帯
Au(2000)ほかより。

門家による鯨類専門目視調査，③鯨類目視講習による通常目視データの精度向上，④ハイビジョンカメラの導入による鯨種同定精度と探知性の向上，⑤鯨体の大きさや以上の調査結果をふまえて，衝突危険鯨種を特定し航路別，季節別にUWS発生音を改良。
(2) 衝突危険鯨種の可聴域推定を目指して，新たな発想で音響調査を実施する：①内耳の解剖学的アプローチによる推定，②鳴音特性との相関関係からの推定，③上記をふまえたUWS発生音のさらなる改良。

上記(1)のサブプロジェクトについてはすでにかなりの進捗があり，上記委員会に報告したほか，東京海洋大学大学院海洋科学技術研究科の修士論文としてもとりまとめ(2007年度・小田川絢，2008年度・社方健太郎)，2009年度には九州海域等への調査拡大を目指している。また，(2)のサブプロジェクトについては，2008年度に予備調査を行い，2009年以降での進展を期している。

本問題に関するメーカーと運航担当社の姿勢は非常に前向きであり，すでに安全装置等の改良も終了しており，さらなる安全性の追求に取り組んでいる。

● 今後の課題と期待

さて，UWS改良に向けた調査研究の課程からも今後に向けた具体的な課題が浮き彫りとなった。既述のように，われわれは鯨種同定の精度向上のためハイビジョンカメラの導入を試みてきたが，高解像度画像の取得によって種同定のみならず，鯨体の早期発見にも寄与できる可能性が出てきた。一つの方策としては，鯨体が発生する種固有の噴気を画像として認識し，衝突危険鯨種の接近を早期にとらえて，警報を発するシステムの構築を考えている。かならずしも机上のプランどおりに事がすすむとは限らないが，現在のJFの操作性の良さと乗員の高い操船技量を考慮すれば，ある程度の接近を事前予知できれば，十分に衝突が回避できるものと考えている。

(海洋政策研究財団Ship & Ocean News Letter 217号の加藤秀弘による論文を改編)

座礁

2003年2月まではガイドラインがなく,座礁して死んだものはゴミ扱い同様で,海岸清掃義務のある地元の首長にその処理がまかされていたが,問題が多かった。

● 過去に行われた座礁の処置例

座礁が報告されると,第一段階として,レスキューが行われる。ロープをかけて牽引したりするが,鯨は大きく,のたうちまわっているので,レスキュー自体はたいへん危険が伴う。また,レスキューを行ってもほとんどの場合再座礁してしまうことが多く,助かる個体はきわめて少ない。

死亡すると,第二段階として,埋設をして骨格標本などで有効利用できるかを検討する。海岸などに埋めるときに砂に重機が埋もれて自由がきかなくなるので注意が必要である。また,特例を発効して海底沈下を行うこともある。死体はガスがたまって浮いてきたり,腐って腐臭を発するので,これを防止するため死体に網をかけ,クレーンで吊って船にのせ,船上でひとつ1tのセメント方塊をいくつもつけて沈下処理した例もある。

セメント方塊をつけて沈められるマッコウクジラ

● 行政システムとしての座礁への対処

海洋汚染や財政面からも,座礁は極力避けるべきである。現在,技術面,対応経費の確保,レスキューの限界と判断,法規の整備,座礁保険など座礁への対処を行政システムとしてどう構築していくかが課題である。ただし,2004年10月に水産庁が「座礁鯨類対処マニュアル」を設定して,各都道府県を指導し,現状はだいぶ改善された。

● 座礁の原因はなにか

座礁の原因として,提案されているものにはいくつかの説がある。
① ヒゲクジラ類は座礁例が少なく,死んだ個体の漂着が多いため,餌を追尾して迷入したり,シャチなどに追われて座礁したという解釈は普遍性に乏しい。
② 船舶による騒音やかく乱,内耳にいる寄生虫(線虫)により錯乱するという説もあるが,寄生虫は健康なイルカにみられることもある。
③ 小型鯨類などでは個体群調節を目的とした自殺。
④ 潮の満ちひきに連動して乗り上げてしまったり複雑な地形で浅瀬に乗り上げてしまう。
⑤ 座礁個体の生体濃縮が高いことから,海洋汚染による毒性で突発的に乗り上げたとの説。
⑥ 地磁気の等高線が交差するところでの座礁が多いことから,浅瀬でのソナーの錯乱による可能性も示唆されている。

● 現在もっとも支持されている考え方

地磁気の等高線をたどりつつ回遊している鯨類が,この線と直交する(エコロケーションが働きにくい)遠浅の砂浜線にあたり,困惑のまま砂浜に乗り上げるとする解釈である。

鯨類の形態調査と骨格標本の作製方法

　動物の骨はその種の生態に関する重要な多くの情報をもち，また化石として残れば種の進化の過程を解明する手がかりにもなるため，博物館などで骨格標本が多く展示されている。ネズミなどの小型哺乳類，またウシ，ウマといった大型哺乳類と異なり，さらに大型になる鯨類の骨格標本を作るのは難しく，これまでさまざまな工夫がなされてきた。ここでは鯨類の骨格標本を作製するために必要な調査と骨格標本の作製方法を紹介する。鯨類では採集した生物体を土中に埋めてバクテリアによる有機物の分解を利用する埋設法と，煮沸により肉を取り除く煮沸法が広く用いられている。どちらの方法にもメリット，デメリットがあり，対象とする標本により使い分ける必要がある。ここでは大型鯨類にも対応可能な埋設法を中心に，作業の過程を記す。

処理方法のメリット，デメリット

	埋設法	煮沸法
対象種の大きさ	無制限	容器の大きさに制限
標本化までの時間	数年	数日から数週間
スペース	土地が必要	容器が設置できればよい
処理中の臭い	なし	あり
主な対象種	ヒゲクジラ類・大型ハクジラ類	小型ハクジラ類

● 形態調査

　鯨体の入手方法には海岸に座礁・漂着した個体や水族館などで飼育されている個体の死亡，捕獲・混獲などがある。骨格標本を作製する前に形態調査を行う。外部形態の計測や写真撮影などの情報を残しておけば科学研究の材料となるだけでなく，骨格標本を組み立てる際にも重要な手がかりとなる。

　計測する部位は研究目的により異なるが，これまでに発表されている論文などと比較が可能なように，過去と同様の条件で計測することが重要である。計測野帳(図)を作り，統一された計測部位や方法で記録をとるとよいだろう。

　現場では鯨の上顎先端と尾びれ分岐点に計測用ポールを立て，そのポールの間に巻尺を張り，各計測ポイントを計測していく。このとき，とくにT型定規とよばれる計測機器は，計測ポイントを体軸に対して直交した状態で計測をするために重要となる。

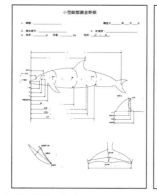

計測野帳(ハクジラ類)
本学鯨類学研究室で用いているハクジラ類の計測用紙。鯨種により，計測部位が異なってくる。

調査風景
千葉県館山湾に座礁したザトウクジラの調査風景。左側(上顎先端)と右側(尾びれ分岐点)にポールを立て，ポールの間にはメジャーが張られている。これを基準に各部位の長さを計測していく。

鯨と人とのかかわり

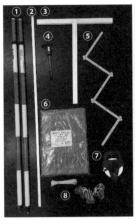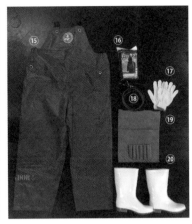

調査に使用する機器類や装備
①計測用ポール，②支持棒，③T型定規，④ノギス，⑤折尺，⑥ブルーシート，⑦巻尺，⑧結束バンドとプラスチックラベル，⑨砥石，⑩包丁入れ，⑪包丁，⑫小包丁，⑬大包丁，⑭ノンコ（手鉤），⑮水産合羽，⑯ヤッケ，⑰軍手，⑱ベルト，⑲腰袋，⑳長靴。

● 骨格標本の作製方法

1．解体（114，115ページ表参照）

完全な骨格標本を作るためには，適切な解体を行うことが肝心である。解体にはナイフやノンコ（手鉤）を用いる。体長10mを超える大型の鯨を解体するときは，ウィンチもしくはそれに代わるもの（ショベルカーなど）を用いる。作業をする際には安全と衛生面からヘルメット，長靴，水産合羽，ヤッケを着用し，手は薄手の手術用ゴム手袋をした上に軍手もしくは耐切創手袋を着用する。座礁などで死後数日経過しているような場合は，肉が腐敗し悪臭を発するため，このような作業現場では使用した衣類はほとんど使い捨てになるほか，傷からの感染症などを防ぐために肌を露出させないようにする。

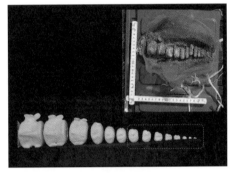

尾椎と掘り出された直後の尾椎先端（上）
尾椎先端はきわめて小さく，解体時には見落とす可能性も高いため，塊で採集する。目の細かいネット（玉ねぎネットなど）に包み，掘り出しの際にも見落としのないよう採集する。

1-1．尾鰭切り落とし（①，②）

尾鰭を付け根から切り落とす（①）。尾鰭には尾椎の先端が残っているので，大まかに尾鰭の両翼を切り落としたら，タケノコ状のまま玉ねぎネットなどに包む。この部分は通称，三ツ矢部とよばれる（②）。

1-2．胸鰭切り落とし（③〜⑧）

脂皮に切れ目を入れ，手鉤やウィンチ，重機などで引っ張りながら，刃物を用いて脂皮を取り除く。

胸鰭を肩甲骨と上腕骨の関節からはずす。胸鰭の中には指の骨，手首の骨などが埋まっているが，おのおのは結合しておらず軟骨でつながっている。そのため埋設を

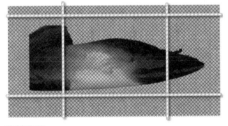

胸鰭埋設
胸鰭は鯨類の骨格標本を作るうえで最も注意を要する部分の一つである。図のように，厚めの板に胸鰭をおき，目の細かいネットで包み，上からナイロン製のロープで固定する。ネットは掘り出した際に中の様子が確認できるよう，何重にもしない。

解体と骨格採集の手順

1		尾びれと背びれを切り落とし、背中と頭部後方の脂皮に切れ目を入れる。
2		切り落とした尾びれの中心には尾椎の先端が入っているため、両翼を切り落とし、右のようにした状態で玉ねぎネットなどに入れる。
3		腹側は下顎の下から畝に沿ってとへそ、肛門を通る正中線の脂皮に切れ目を入れる。
4		体側は脊椎骨横突起に沿うように脂皮に切れ目を入れる。胸鰭は肩甲骨との関節部にナイフを入れ、はずす。
5		背中側、腹側ともに手鉤もしくはウィンチや重機等を使い尾側方向に引き、脂皮を剥ぐ。包丁は補助的に使う。
6		上側に残っている脂皮を同様に剥ぐ。肩甲骨が見えるので、採集してラベリングをする。
7		脊椎骨横突起の背側に包丁を入れる。また、この時点で肛門と生殖孔付近を含む肉塊を切り出し、骨盤痕跡を採集する。
8		背中側の筋肉(背肉)を取り除く。肛門を目印に、腹腔を覆う筋肉と脊椎骨横突起の下側にある筋肉(腹肉)の間に包丁を入れる。そのまま頭部方向に切りあがり、肋骨と脊椎骨の関節部にも包丁で切れ目を入れる。
9		尾側から肋骨を外す。無理して肋骨を折らないように注意する。外した肋骨はさらに一本一本ばらばらにし、おのおのをラベリングする。
10		頭部の付け根付近で食道と気管を切断し、肺、心臓、胃や腸などを一括して取り出す。胸腔と腹腔を隔てる横隔膜は肋骨と接続しているため、その接続部を切断する。内臓もしくは頭骨側についている舌骨を採集する。
11		脊椎骨横突起の下側に沿って包丁を入れる。
12		腹肉を取り除く。
13		肋骨のへりから脊椎骨腹側を通り肛門付近にかけて包丁を入れ、腹腔下側の肉を取り除く。この時下にある脂皮を一緒に切らないようにする。
14		第一頸椎と頭骨の後頭顆の間に先の尖ったナイフ入れ頭部を動かしつつ接続部を切断する。切り落とした頭部は極力脂皮と肉を除去する。
15		頭部を分離する。

⑯		上下を入れ替える。下側にはまだ胸鰭，脂皮がついた状態になっているので，先ほどと同様の手順で胸鰭を採集する。
⑰		脂皮を剥ぎ，肩甲骨を採集する。
⑱		脊椎骨横突起背側に沿って包丁を入れる。
⑲		背肉を取り除く。
⑳		肋骨と脊椎骨の接続部を切断する。
㉑		肋骨を取り除き，上記同様一本ずつラベリングする。
㉒		脊椎骨横突起の腹側に沿って包丁を入れる。
㉓		腹肉を取り除く。
㉔		尾椎の腹側にあるV字骨を採集する。先端と後端は極きわめて小さいので見落とさないよう注意する。
㉕		脊椎骨を埋設しやすい大きさに切断する。
㉖		おのおのナイロン製ネットなどに包む。

して肉や軟骨が腐り，それらの骨がバラバラになると紛失したり展示の際に復元がきわめて困難になる。そのために，胸鰭は厚めのベニヤ板の上に置き，上から目の細かいナイロン製ネットで包む。

1-3．肩甲骨・骨盤痕跡・肋骨採集（⑥〜⑨）

上体側の脂皮を取り除いたら，肩甲骨をはずし，脊椎骨横突起の上にある筋肉を取り除く。

骨盤痕跡（後肢痕跡）は生殖孔と肛門の間に左右一対で位置しているため，事前に生殖孔，肛門を含む肉塊で切り出しておき，あとで丁寧に採集する。

肋骨は脊椎骨横突起との接合部にナイフを入れ，一連ではずす。ハクジラ類では肋骨と胸骨の間に肋間骨という骨があるので，肋骨と肋間骨の接合部にナイフを入れ，肋間骨を胸骨にくっつけた状態で採集する。

肋骨や肋間骨は余分な肉をナイフで除去した後，結束バンドもしくはナイロン紐でプラスチック製のラベルを結び番号づけをする。

1-4．内臓取り出し（⑩）と頭部切断（⑪〜⑮）

上になっている面の肋骨をはずしたら内臓を取り除く。

頭部は頭骨の後頭顆と第一頸椎でつながっているので，その間に尖ったナイフを入れれば簡単には

ずすことができる。食道，気管の下には舌骨とよばれる骨がある。頸椎まわりにナイフを入れれば舌骨は頭骨にくっついた状態で採集できる。頭部から舌骨，下顎をはずし，可能なかぎり肉を取り除く。小型のハクジラ類の場合，埋めているもしくは煮沸している過程で歯が抜け落ちることがあるため，上顎，下顎ともにそれぞれ歯の部分を包帯で巻く。ヒゲクジラ類の吻端（前上顎骨）は非常に壊れやすいが重要な計測ポイントであるため，ナイロン製ネットを巻きつけて保護する。

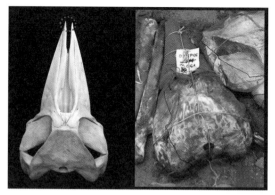

ヒゲクジラ類の吻部保護
ヒゲクジラ類の吻部（前上顎骨）先端はきわめて細くなっているうえ，うつぶせにした際に重量がかかるため，右のようにネットで包む。また，このとき太いロープを骨の丈夫な部分（側頭骨など）にかけておくと，掘り出し時に便利であるうえ，骨の損傷を防ぐことができる。

1-5. 下側の肉の除去（⑯〜㉓）

頭部を落としたら，ひっくり返し，今まで下になっていた面を上にして，これまでと同様の手順で胸鰭と肋骨を採集し，背肉と腹肉を取り除く。

1-6. V字骨の採集（㉔）

V字骨は尾椎の腹側についており，最初と最後は左右が分離していることが多く，またきわめて小さい場合もあるため，注意して採集する。鯨類では一般的にV字骨がついている椎骨から尾側を尾椎，それまでを腰椎と定義する。

2. ラベリング

肉を除去したあとに骨のラベリングを行う。ラベリングには腐食しない素材を用いるが，あらかじめ印字されているプラスチック製ラベルの使用が便利である。一般的に普及している油性マジックは数年埋めると字が消えるため，使用しないほうがよい。椎骨は埋めやすさや運びやすさから数個程度をまとめてナイロン製のネットに包み，ネットにラベルをつける。

プラスチック製ラベルとラベリング風景
プラスチック製ラベルはあらかじめ印字されているものが使いやすい。また結ぶ紐も腐食に強いナイロン製のものが望ましい。

3. 埋設

埋設法では，埋めるための場所と砂の確保が必要となる。広さは，対象種の大きさにもよるが，体長7m程度のミンククジラで3×2m程度，小型のハクジラ類では2×1m程度の範囲が必要である。以前は直接地面を掘って埋める方法が主流であったが，近年では地面の上に囲いを作り，その中に骨と砂を入れる方法が普及してきた。この方法は，穴を掘る必要がないため労力が少なくて済むこと，埋めた場所を特定しやすいことなどの

骨を埋設する囲い
木枠を作り，中に骨と砂を入れる。

メリットがある。穴の深さ，もしくは囲いの高さは，乾燥や害獣による掘り出しなどを防ぐ目的から埋めた骨のいちばん高い部分より50 cm程度多くとる。

また，砂は土より水はけがよく，有機物を分解するバクテリアの生息に適した環境であるため，埋設をする場所の基質は砂，とくに川砂が理想的である。

穴もしくは囲いができたら，すべての骨格を配置する。この際，できるだけ部位ごとにまとめて埋める。とくにハクジラ類では目の下にある頬骨弓という骨が繊細で破損しやすいため，頭骨背面を上にして埋める。ヒゲクジラ類では前上顎骨と鋤骨の間に大量の軟骨があり，これらをすべて分解させることは困難であるため，埋めて1年ほど経ったら掘り返し，腹面を上にして埋めなおすと，より短期間で肉が分解される。脊椎骨は斜めにした状態で埋めると土の重みなどで突起が破損するため，背中の棘突起を上にして配置する。

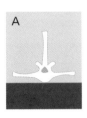

脊椎骨の埋め方（脊椎骨の正面から見た図）
脊椎骨は背面の棘突起を上にした状態（A）で埋設する。斜め（B）にすると地面の重さで突起が破損するおそれがある。

すべての骨を配置したらカメラや計測器を使って詳細に記録し，配置図を作製する。また，土の中に直接埋めた場合は，穴の周囲にパイプや棒を立て，それらの棒からの位置なども記録する。骨のいちばん高い部位（頭骨の背中側など）の上にも目印のパイプなどを立て，埋めた深さも記録する。この記録を怠ると，掘り出す際に苦労するだけでなく，骨の紛失や破損につながる。記録を終えたら砂をかけ，囲いは漁網などで覆って，害獣の掘り起こしや人による盗難に備える。

4．掘り出しと標本再確認

肉などの有機物が完全に分解されるまで，日本では最低2年（2夏），理想的には3年程度埋設する必要がある。

土中深くに埋めた場合，また標本が体長10 mを超える大型種の場合には，掘り出しにもパワーショベルが必要になる。

掘り出すための道具（大型のスコップ，移植ゴテなど），残った肉などを除去するためのナイフ，埋設場所を記した地図や配置図などを準備しておく。埋めた深さを確認しながらいちばん浅い場所から掘り始め，骨の位置を確認しながら掘り出していく。

掘り出した骨は配置図と照合し，掘り出し忘れがないようにする。

掘り出しのときにはとくに胸鰭に注意したい。指の骨はばらばらになっているので位置関係を崩さないように胸鰭を包んでいたネットを切り開き，定規などのスケールを入れて写真を撮り

パワーショベルを使った骨の運搬
大型鯨類の骨格標本の場合，人力ではとても運搬できないものも多い。そういう時，パワーショベルなどの重機がたいへん役に立つ。

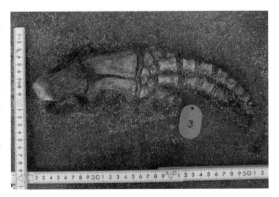

胸鰭掘り出し後の確認写真
掘り出された胸鰭は位置関係を崩さないよう細心の注意を払いながら砂を除き，スケールを入れて写真を撮る。

り，指の骨に一つずつマジックで番号をつける。番号は指番号（親指側から順にⅠ～ⅣまたはⅤ）と，各指の先端からの番号（1，2，3…）を組み合わせる（Ⅰ-3やⅤ-2など）。

幼体の場合はとくに椎骨の両端についている骨端盤がはずれやすいため注意を要する。

5．洗浄

掘り出したばかりの骨格には分解されていない肉や脂肪，土や草の根などが多く付着しているため，これらをナイフやピンセット，ブラシなどを使って水をかけながら丁寧に取り除く。ハクジラ類の歯はこの時点で採集しておく。歯は形が似ているので洗った後，並んでいる順番に発泡スチロールなどに刺していくことで記録になるとともに，紛失を防ぐことができる。

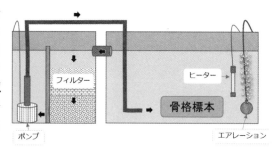

オーバーフローシステム水槽模式図

鯨類の骨は内部に大量の脂を含んでおり，除去が必要である。残った脂は骨の強度を保つのに必要であるが，多すぎると標本にしてからも滲出して保存状態を悪くするほか，悪臭のもととなるため，適切な脱脂をしなければならない。脂を抜く方法は一般的に湯に晒す，有機溶媒や水酸化ナトリウムなどの化学物質を使うといったものがある。化学物質の使用は爆発などの事故を引き起こす危険性もあるため，安全性を重視して，湯に晒して脱脂を兼ねて洗浄する。骨には，埋設時土中に生息していたバクテリアが付着しているので，これを利用すれば脂だけでなく内部に残った有機物なども分解できる。そのため40℃以下の湯にひと月ほど晒す。その際オーバーフローシステムを利用して湯が浄化槽を通じて循環するような装置を用いている。また，洗浄の過程で，万が一骨が破損した場合は捨てずにとっておき，標本の修復が生じたときに利用する。

● 骨格標本の展示

標本には，研究用にバラバラの状態で個体ごとに棚や箱に収蔵され，計測や個々の観察ができるものと，一般展示用に交連骨格とよばれる組み上がった状態のものがある。

交連骨格の展示はワイヤーを用いて天井から吊るす方法と台もしくは床に固定する方法の二つが一般的である。鯨類の骨格標本を展示する場合，比較的大型であり落下や転倒により標本が壊れるだけでなく，人の死傷などの事故が起きる可能性もあるため，専門的な知識と技術を有する標本作製会社などに依頼する。近年では交連骨格でありながら必要な際にはすべての骨をはずせるような工夫が施された展示技術が開発されている。

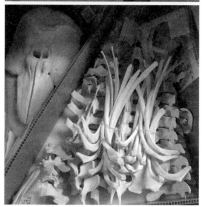

交連骨格標本（上）と収蔵標本（下）

巻末資料

海産(水生)哺乳類分類体系と種名リスト

日本産のものについては和名の後に*を付した。分類については，1990年代後期から再編が行われ（Rice, 1998；IWC, 2001；加藤ら，2000），ここではこれらの文献とSociety for Marine Mammalogy (Committee on Taxonomy 2016, List of marine mammal species and subspecies., Society for Marine Mammalogy, www.marinemammalscience.org, consulted on August 2016)による新種の認定を含めた最新の分類リストと和名，学名および英名の対照表を示した。

● 鯨目 Cetacea

ヒゲクジラ亜目　MYSTICETI
　セミクジラ科　Balaenidae
　　ホッキョククジラ　*Balaena mysticetus*　Bowhead whale, Greenland whale
　　タイセイヨウセミクジラ　*Eubalaena glacialis*　North Atlantic right whale
　　セミクジラ*　*E. japonica*　North Pacific right whale
　　ミナミセミクジラ　*E. australis*　Southern right whale
　コセミクジラ科　Neobalaenidae
　　コセミクジラ　*Caperea marginata*　Pygmy right whale
　コククジラ科　Eschrichtiidae
　　コククジラ*　*Eschrichtius robustus*　Gray whale
　ナガスクジラ科　Balaenopteridae
　　ザトウクジラ*　*Megaptera novaeangliae*　Humpback whale
　　ミンククジラ*[1]　*Balaenoptera acutorostrata*　Common minke whale
　　クロミンククジラ[2]　*B. bonaerensis*　Antarctic minke whale
　　イワシクジラ*　*B. borealis*　Sei whale
　　ニタリクジラ*[3]　*B. edeni*　Bryde's whale
　　ツノシマクジラ*　*B. omurai*　Omura's whale
　　ナガスクジラ*　*B. physalus*　Fin whale
　　シロナガスクジラ*[4]　*B. musculus*　Blue whale

ハクジラ亜目　ODONTOCETI
　マッコウクジラ科　Physeteridae
　　マッコウクジラ*　*Physeter macrocephalus*　Sperm whale, cachalot
　コマッコウ科　Kogiidae
　　コマッコウ*　*Kogia breviceps*　Pygmy sperm whale
　　オガワコマッコウ*　*K. sima*　Dwarf sperm whale
　アカボウクジラ科　Ziphiidae
　　アカボウクジラ*　*Ziphius cavirostris*　Cuvier's beaked whale, goose-beaked whale
　　ミナミツチクジラ　*Berardius arnuxii*　Arnoux' beaked whale
　　ツチクジラ*　*B. bairdii*　Baird's beaked whale
　　タスマニアクチバシクジラ　*Tasmacetus shepherdi*　Shepherd's beaked whale, Tasman beaked whale

ロングマンオウギハクジラ（タイヘイヨウアカボウモドキ）*5)　*Indopacetus pacificus*
　　　　　　　　　　　　　　　Longman's beaked whale, tropical bottlenose whale
　キタトックリクジラ　*Hyperoodon ampullatus*　Northern bottlenose whale
　ミナミトックリクジラ　*Hyperoodon planifrons*　Southern bottlenose whale
　ヨーロッパオウギハクジラ　*Mesoplodon bidens*　Sowerby's beaked whale
　タイヘイヨウオウギハクジラ　*M. bowdoini*　Andrews' beaked whale
　ハッブスオウギハクジラ*　*M. carlhubbsi*　Hubbs' beaked whale
　コブハクジラ*　*M. densirostris*　Blainville's beaked whale
　ジェルヴェオウギハクジラ　*M. europaeus*　Gervais' beaked whale
　イチョウハクジラ*　*M. ginkgodens*　Ginkgo-toothed beaked whale
　ミナミオウギハクジラ　*M. grayi*　Gray's beaked whale
　ニュージーランドオウギハクジラ　*M. hectori*　Hector's beaked whale
　（和名未定）　*M. hotaula*　Deraniyagala's beaked whale
　ヒモハクジラ　*M. layardii*　Strap-toothed beaked whale, Layard's beaked whale
　アカボウモドキ　*M. mirus*　True's beaked whale
　（和名未定）　*M. perrini*　Perrin's beaked whale
　ペルーオウギハクジラ　*M. peruvianus*　Pygmy beaked whale
　オウギハクジラ*　*M. stejnegeri*　Stejneger's beaked whale
　（和名未定）　*M. traversii*　Spade-toothed whale
カワイルカ科　Platanistidae
　インドカワイルカ　*Platanista gangetica*　South Asian river dolphin, Indian river dolphin
アマゾンカワイルカ科　Iniidae
　アマゾンカワイルカ　*Inia geoffrensis*　Amazon river dolphin
ヨウスコウカワイルカ科　Lipotidae
　ヨウスコウカワイルカ　*Lipotes vexillifer*　Baiji, Yangtze river dolphin
ラプラタカワイルカ科　Pontoporiidae
　ラプラタカワイルカ　*Pontoporia blainvillei*　Franciscana, toninha.
イッカク科　Monodontidae
　イッカク　*Monodon monoceros*　Narwhal
　シロイルカ　*Delphinapterus leucas*　Beluga, white whale
マイルカ科　Delphinidae
　イロワケイルカ　*Cephalorhynchus commersonii*　Commerson's dolphin
　チリイロワケイルカ　*C. eutropia*　Chilean dolphin
　コシャチイルカ　*C. heavisidii*　Heaviside's dolphin, Haviside's dolphin
　セッパリイルカ　*C. hectori*　Hector's dolphin, New Zealand dolphin
　マイルカ*　*Delphinus delphis*　Short-beaked common dolphin, saddleback dolphin
　ユメゴンドウ*　*Feresa attenuata*　Pygmy killer whale
　コビレゴンドウ　*Globicephala macrorhynchus*　Short-finned pilot whale
　ヒレナガゴンドウ　*G. melas*　Long-finned pilot whale
　ハナゴンドウ*　*Grampus griseus*　Risso's dolphin, gray grampus
　サラワクイルカ*　*Lagenodelphis hosei*　Fraser's dolphin
　ハナジロカマイルカ　*Lagenorhynchus albirostris*　White-beaked dolphin
　タイセイヨウカマイルカ　*L. acutus*　Atlantic white-sided dolphin

ミナミカマイルカ　*L. australis*　Peale's dolphin
ダンダラカマイルカ　*L. cruciger*　Hourglass dolphin
カマイルカ*　*L. obliquidens*　Pacific white-sided dolphin
ハラジロカマイルカ　*L. obscurus*　Dusky dolphin
セミイルカ*　*Lissodelphis borealis*　Northern right-whale dolphin
シロハラセミイルカ　*L. peronii*　Southern right-whale dolphin
カワゴンドウ　*Orcaella brevirostris*　Irrawaddy dolphin, pesut
（和名未定）　*O. heinsohni*　Australian snubfin dolphin
シャチ*　*Orcinus orca*　Killer whale, orca
カズハゴンドウ*　*Peponocephala electra*　Melon-headed whale, Electra dolphin
オキゴンドウ*　*Pseudorca crassidens*　False killer whale
シナウスイロイルカ　*Sousa chinensis*
　　　Pacific humpback dolphin, Indo-Pacific humpback dolphin
（和名未定）　*S. plumbea*　Indian Ocean humpback dolphin
（和名未定）　*S. sahulensis*　Australian humpback dolphin
アフリカウスイロイルカ　*S. teuszii*　Atlantic humpback dolphin
コビトイルカ　*Sotalia fluviatilis*　Tucuxi
（和名未定）　*S. guianensis*　Guiana dolphin, costero
マダライルカ*　*Stenella attenuata*　Pantropical spotted dolphin
クリーメンイルカ　*S. clymene*　Clymene dolphin
スジイルカ*　*S. coeruleoalba*　Striped dolphin
タイセイヨウマダライルカ　*S. frontalis*　Atlantic spotted dolphin
ハシナガイルカ*　*S. longirostris*　Spinner dolphin
シワハイルカ*　*Steno bredanensis*　Rough-toothed dolphin
ハンドウイルカ*[6]　*Tursiops truncatus*　Common bottlenose dolphin
ミナミハンドウイルカ*[7]　*T. aduncus*　Indo-Pacific bottlenose dolphin

ネズミイルカ科　Phocoenidae
スナメリ*　*Neophocaena asiaeorientalis*　Narrow-ridged finless porpoise
（和名未定）　*N. phocaenoides*　Indo-Pacific finless porpoise
メガネイルカ　*Phocoena dioptrica*　Spectacled porpoise
ネズミイルカ*　*P. phocoena*　Harbor porpoise, common porpoise
コガシラネズミイルカ　*P. sinus*　Vaquita, Gulf of California harbor porpoise
コハリイルカ　*P. spinipinnis*　Burmeister's porpoise
イシイルカ*　*Phocoenoides dalli*　Dall's porpoise, Dall porpoise

● 海牛目　Sirenia

マナティ科　Trichechidae
アメリカマナティ　*Trichechus manatus*　Caribbean manatee
アフリカマナティ　*T. senegalensis*　African manatee
アマゾンマナティ　*T. inunguis*　Amazonian manatee
ジュゴン科　Dugongidae
ジュゴン*　*Dugong dugon*　dugong

● 食肉目　Carnivora

アシカ科　Otariidae
　　ミナミアフリカオットセイ　*Arctocephalus pusillus*　Cape fur seal, Australian fur seal
　　ナンキョクオットセイ　*A. gazella*　Antarctic fur seal
　　アナンキョクオットセイ　*A. tropicalis*　Subantarctic fur seal
　　グアダルーペオットセイ　*A. townsendi*　Guadalupe fur seal
　　フェルナンデスオットセイ　*A. philippii*　Juan Fernandez fur seal
　　ニュージーランドオットセイ　*A. forsteri*　New Zealand fur seal
　　ミナミアメリカオットセイ　*A. australis*　South American fur seal
　　ガラパゴスオットセイ　*A. galapagoensis*　Galapagos fur seal
　　キタオットセイ*　*Callorhinus ursinus*　northern fur seal
　　ニホンアシカ[8]*　*Zalophus japonicus*　Japanese sea lion
　　カリフォルニアアシカ　*Z. californianus*　California sea lion
　　ガラパゴスアシカ　*Z. wollebaeki*　Galapagos sea lion
　　トド*　*Eumetopias jubatus*　Steller sea lion, northern sea lion
　　オーストラリアアシカ　*Neophoca cinerea*　Australian sea lion
　　ニュージーランドアシカ　*Phocarctos hookeri*　New Zealand sea lion
　　オタリア　*Otaria flavescens*　South American sea lion, Otaria

セイウチ科　Odobenidae
　　セイウチ　*Odobenus rosmarus*　walrus

アザラシ科　Phocidae
　　アゴヒゲアザラシ*　*Erignathus barbatus*　bearded seal
　　ゼニガタアザラシ*　*Phoca vitulina*　harbor seal, common seal
　　ゴマフアザラシ*　*P. largha*　larga seal, spotted seal
　　ワモンアザラシ*　*Pusa hispida*　ringed seal
　　カスピカイアザラシ　*P. caspica*　Caspian seal
　　バイカルアザラシ　*P. sibirica*　Baikal seal
　　ハイイロアザラシ　*Halichoerus grypus*　gray seal
　　クラカケアザラシ*　*Histriophoca fasciata*　ribbon seal
　　タテゴトアザラシ　*Pagophilus groenlandicus*　harp seal
　　ズキンアザラシ　*Cystophora cristata*　hooded seal
　　チチュウカイモンクアザラシ　*Monachus monachus*　Mediterranean monk seal
　　ハワイモンクアザラシ　*Neomonachus schauinslandi*　Hawaiian monk seal
　　カリブカイモンクアザラシ[8]　*N. tropicalis*　Caribbean monk seal
　　ミナミゾウアザラシ　*Mirounga leonina*　southern elephant seal
　　キタゾウアザラシ　*M. angustirostris*　northern elephant seal
　　ウェッデルアザラシ　*Leptonychotes weddellii*　Weddel seal
　　ロスアザラシ　*Ommatophoca rossii*　Ross seal
　　カニクイアザラシ　*Lobodon carcinophaga*　crabeater seal
　　ヒョウアザラシ　*Hydrurga leptonyx*　leopard seal

1）コイワシクジラを用いる場合がある。*B. a. acutorostrata*(North Atlantic minke whale), *B. a. scammoni*(North Pacific minke whale), *B. a.* subsp.(dwarf minke whale)の3亜種が提唱されている。
2）西脇(1965)がかつて提案していた和名に準じた。
3）*B. brydei*との区別や第三の種の可能性については，研究が進展するまで保留。
4）*B. m. musculus*(northern blue whale), *B. m. intermedia*(southern blue whale), *B. m. brevicauda*(pygmy blue whale)の3亜種が知られている。
5）最近の遺伝分析により*Mesoplodon*属が適当とする有力な見解もあるが，ここではIWC(2012)の合意に従った。また，タイヘイヨウアカボウモドキとよぶこともある。
6）バンドウイルカとよぶ場合もある。
7）あるいはミナミバンドウイルカ。一部の水族館では，すでにこの呼称を使いつつある。
8）すでに絶滅したものとみられる。

IWC 2001. Report of the working group on nomenclature. *J. Cetacean. Res. Manage.* 3(suppl.): 363–367.
IWC 2012a. Classification of the order Cetacea. *J. Cetacean Res. Manage.* 12(1): v–xii
IWC 2012b. Taxonomy of whales. http//iwcoffice.org/cetacea
加藤秀弘・大隅清治・粕谷俊雄. 2000. クジラ類の分類体系と名称対照表. pp. 304–307. *In*: (加藤編)ニタリクジラの自然誌. 平凡社.
Rice, D. W. 1998. Marine mammals of the world, systematics and distribution. Special issue 4, Society of Marine Mammals. 231 pp.

原住民生存捕鯨による捕獲統計（1985〜2013年）

IWC統計データ（http://www.iwcoffice.org/）より；2016年9月現在

国・地域名[※]	海域[※※※]	ナガスクジラ	ザトウクジラ	イワシクジラ	コククジラ	ミンククジラ	ホッキョククジラ	合計
1985								
デンマーク：西グリーンランド	大西洋	9	8	0	0	222	0	239
デンマーク：東グリーンランド	大西洋	0	0	0	0	14	0	14
ソビエト社会主義共和国連邦	太平洋B	0	0	0	169	0	0	169
アメリカ合衆国	太平洋A	0	0	0	1	0	17	18
合計		9	8	0	170	236	17	440
1986								
デンマーク：西グリーンランド	大西洋	9	0	0	0	145	0	154
デンマーク：東グリーンランド	大西洋	0	0	0	0	2	0	2
セントビンセント＆グラナディン	大西洋	0	2	0	0	0	0	2
ソビエト社会主義共和国連邦	太平洋B	0	0	0	169	0	0	169
アメリカ合衆国	太平洋A	0	0	0	2	0	28	30
合計		9	2	0	171	147	28	357
1987								
デンマーク：西グリーンランド	大西洋	9	0	0	0	86	0	95
デンマーク：東グリーンランド	大西洋	0	0	0	0	4	0	4
セントビンセント＆グラナディン	大西洋	0	2	0	0	0	0	2
ソビエト社会主義共和国連邦	太平洋B	0	0	0	158	0	0	158
アメリカ合衆国	太平洋A	0	0	0	0	0	31	31
合計		9	2	0	158	90	31	290
1988								
デンマーク：西グリーンランド	大西洋	9	1	0	0	109	0	119
デンマーク：東グリーンランド	大西洋	0	0	0	0	10	0	10
セントビンセント＆グラナディン	大西洋	0	1	0	0	0	0	1
ソビエト社会主義共和国連邦	太平洋B	0	0	0	150	0	0	150
アメリカ合衆国	太平洋A	0	0	0	1	0	29	30
合計		9	2	0	151	119	29	310
1989								
デンマーク：西グリーンランド	大西洋	14	2	2	0	63	0	81
デンマーク：東グリーンランド	大西洋	0	0	0	0	10	0	10
ソビエト社会主義共和国連邦	太平洋B	0	0	0	179	0	0	179
アメリカ合衆国	太平洋A	0	0	0	1	2	26	29
合計		14	2	2	180	75	26	299
1990								
デンマーク：西グリーンランド	大西洋	19	1	0	0	89	0	109
デンマーク：東グリーンランド	大西洋	0	0	0	0	6	0	6
ソビエト社会主義共和国連邦	太平洋B	0	0	0	162	0	0	162
アメリカ合衆国	太平洋A	0	0	0	0	0	44	44
合計		19	1	0	162	95	44	321
1991								
デンマーク：西グリーンランド	大西洋	18	0	0	0	99	0	117
デンマーク：東グリーンランド	大西洋	0	1	0	0	7	0	8
ソビエト社会主義共和国連邦	太平洋	0	0	0	169	0	0	169
カナダ	太平洋B	0	0	0	0	0	1	1
アメリカ合衆国	太平洋A	0	0	0	0	0	46	46
合計		18	1	0	169	106	47	341

国・地域名※	海域※※※	ナガスクジラ	ザトウクジラ	イワシクジラ	コククジラ	ミンククジラ	ホッキョククジラ	合計
1992								
デンマーク：西グリーンランド	大西洋	22	1	0	0	103	0	126
デンマーク：東グリーンランド	大西洋	0	0	0	0	11	0	11
セントビンセント＆グラナディン	大西洋	0	2	0	0	0	0	2
ロシア	太平洋B	0	0	0	0	0	0	0
アメリカ合衆国	太平洋A	0	0	0	0	0	50	50
合計		22	3	0	0	114	50	189
1993								
デンマーク：西グリーンランド	大西洋	14	0	0	0	107	0	121
デンマーク：東グリーンランド	大西洋	0	0	0	0	9	0	9
セントビンセント＆グラナディン	大西洋	0	2	0	0	0	0	2
アメリカ合衆国	太平洋A	0	0	0	0	0	52	52
合計		14	2	0	0	116	52	184
1994								
カナダ	大西洋	0	0	0	0	0	1	1
デンマーク：西グリーンランド	大西洋	22	1	0	0	104	0	127
デンマーク：東グリーンランド	大西洋	0	0	0	0	5	0	5
ロシア	太平洋B	0	0	0	44	0	0	44
アメリカ合衆国	太平洋A	0	0	0	0	0	46	46
合計		22	1	0	44	109	47	223
1995								
デンマーク：西グリーンランド	大西洋	12	0	0	0	153	0	165
デンマーク：東グリーンランド	大西洋	0	0	0	0	9	0	9
ロシア	太平洋B	0	0	0	90	0	0	90
アメリカ合衆国	太平洋A	0	0	0	2	0	57	59
合計		12	0	0	92	162	57	323
1996								
カナダ	大西洋	0	0	0	0	0	1	1
デンマーク：西グリーンランド	大西洋	19	0	0	0	164	0	183
デンマーク：東グリーンランド	大西洋	0	0	0	0	12	0	12
セントビンセント＆グラナディン	大西洋	0	1	0	0	0	0	1
ロシア	太平洋B	0	0	0	43	0	0	43
カナダ	太平洋C	0	0	0	0	0	1	1
アメリカ合衆国	太平洋A	0	0	0	0	0	44	44
合計		19	1	0	43	176	46	285
1997								
デンマーク：西グリーンランド	大西洋	13	0	0	0	148	0	161
デンマーク：東グリーンランド	大西洋	0	0	0	0	14	0	14
ロシア	太平洋B	0	0	0	79	0	0	79
アメリカ合衆国	太平洋A	0	0	0	0	0	66	66
合計		13	0	0	79	162	66	320
1998								
カナダ	大西洋	0	0	0	0	0	1	1
デンマーク：西グリーンランド	大西洋	11	0	0	0	166	0	177
デンマーク：東グリーンランド	大西洋	0	0	0	0	10	0	10
セントビンセント＆グラナディン	大西洋	0	2	0	0	0	0	2
ロシア	太平洋B	0	0	0	125	0	1	126
アメリカ合衆国	太平洋A	0	0	0	0	0	54	54
合計		11	2	0	125	176	56	370

国・地域名※	海域※※※	ナガスクジラ	ザトウクジラ	イワシクジラ	コククジラ	ミンククジラ	ホッキョククジラ	合計
1999								
デンマーク：西グリーンランド	大西洋	9	0	0	0	170	0	179
デンマーク：東グリーンランド	大西洋	0	0	0	0	15	0	15
セントビンセント＆グラナディン	大西洋	0	2	0	0	0	0	2
ロシア	太平洋B	0	0	0	123	0	1	124
アメリカ合衆国	太平洋A	0	0	0	1	0	47	48
合計		9	2	0	124	185	48	368
2000								
カナダ	大西洋	0	0	0	0	0	1	1
デンマーク：西グリーンランド	大西洋	7	0	0	0	145	0	152
デンマーク：東グリーンランド	大西洋	0	0	0	0	10	0	10
セントビンセント＆グラナディン	大西洋	0	2	0	0	0	0	2
ロシア	太平洋B	0	0	0	115	0	1	116
アメリカ合衆国	太平洋A	0	0	0	0	0	47	47
合計		7	2	0	115	155	49	328
2001								
デンマーク：西グリーンランド	大西洋	8	2	0	0	139	0	149
デンマーク：東グリーンランド	大西洋	0	0	0	0	17	0	17
セントビンセント＆グラナディン	大西洋	0	2	0	0	0	0	2
ロシア	太平洋B	0	0	0	112	0	1	113
アメリカ合衆国	太平洋A	0	0	0	0	0	75	75
合計		8	4	0	112	156	76	356
2002								
カナダ	大西洋	0	0	0	0	0	1	1
デンマーク：西グリーンランド	大西洋	13	0	0	0	139	0	152
デンマーク：東グリーンランド	大西洋	0	0	0	0	10	0	10
セントビンセント＆グラナディン	大西洋	0	2	0	0	0	0	2
ロシア	太平洋B	0	0	0	131	3	0	134
アメリカ合衆国	太平洋A	0	0	0	0	0	50	50
合計		13	2	0	131	152	51	349
2003								
デンマーク：西グリーンランド	大西洋	9	1	0	0	185	0	195
デンマーク：東グリーンランド	大西洋	0	0	0	0	14	0	14
セントビンセント＆グラナディン	大西洋	0	1	0	0	0	0	1
ロシア	太平洋B	0	0	0	128	0	3	131
アメリカ合衆国	太平洋A	0	0	0	0	0	48	48
合計		9	2	0	128	199	51	389
2004								
デンマーク：西グリーンランド	大西洋	13	1	0	0	179	0	193
デンマーク：東グリーンランド	大西洋	0	0	0	0	11	0	11
セントビンセント＆グラナディン	大西洋	0	0	0	0	0	0	0
ロシア	太平洋B	0	0	0	111	0	1	112
アメリカ合衆国	太平洋A	0	0	0	0	0	43	43
合計		13	1	0	111	190	44	359
2005								
デンマーク：西グリーンランド	大西洋	13	0	0	0	176	0	189
デンマーク：東グリーンランド	大西洋	0	0	0	0	4	0	4
セントビンセント＆グラナディン	大西洋	0	1	0	0	0	0	1
ロシア	太平洋B	0	0	0	124	0	2	126
アメリカ合衆国	太平洋A	0	0	0	0	0	68	68
合計		13	1	0	124	180	70	388

国・地域名※	海域※※	ナガスクジラ	ザトウクジラ	イワシクジラ	コククジラ	ミンククジラ	ホッキョククジラ	合計
2006								
デンマーク：西グリーンランド	大西洋	10	1	1	0	181	0	193
デンマーク：東グリーンランド	大西洋	1	0	0	0	3	0	4
セントビンセント＆グラナディン	大西洋	0	1	0	0	0	0	1
ロシア	太平洋B	0	0	0	134	0	3	137
アメリカ合衆国	太平洋A	0	0	0	0	0	39	39
合計		11	2	1	134	184	42	374
2007								
デンマーク：西グリーンランド	大西洋	12	0	0	0	167	0	179
デンマーク：東グリーンランド	大西洋	0	0	0	0	2	0	2
セントビンセント＆グラナディン	大西洋	0	1	0	0	0	0	1
ロシア	太平洋B	0	0	0	131	0	0	131
アメリカ合衆国：アラスカ	太平洋A	0	0	0	0	0	63	63
アメリカ合衆国：オレゴン（マカ族）	太平洋D	0	0	0	1	0	0	1
合計		12	1	0	132	169	63	377
2008								
デンマーク：西グリーンランド	大西洋	14	0	0	0	153	0	167
デンマーク：東グリーンランド	大西洋	0	0	0	0	1	0	1
セントビンセント＆グラナディン	大西洋	0	2	0	0	0	0	2
ロシア	太平洋B	0	0	0	130	0	2	132
アメリカ合衆国	太平洋A	0	0	0	0	0	50	50
合計		14	2	0	130	154	52	352
2009								
デンマーク：西グリーンランド	大西洋	10	0	0	0	164	3	177
デンマーク：東グリーンランド	大西洋	0	0	0	0	4	0	4
セントビンセント＆グラナディン	大西洋	0	1	0	0	0	0	1
ロシア	太平洋B	0	0	0	116	0	0	116
アメリカ合衆国	太平洋A	0	0	0	0	0	38	38
合計		10	1	0	116	168	41	336
2010								
デンマーク：西グリーンランド	大西洋	5	9	0	0	186	3	203
デンマーク：東グリーンランド	大西洋	0	0	0	0	9	0	9
セントビンセント＆グラナディン	大西洋	0	3	0	0	0	0	3
ロシア	太平洋B	0	0	0	118	0	2	120
アメリカ合衆国	太平洋A	0	0	0	0	0	71	71
合計		5	12	0	118	195	76	406
2011								
デンマーク：西グリーンランド	大西洋	5	8	0	0	179	1	193
デンマーク：東グリーンランド	大西洋	0	0	0	0	10	0	10
セントビンセント＆グラナディン	大西洋	0	2	0	0	0	0	2
ロシア	太平洋B	0	0	0	128	0	0	128
アメリカ合衆国	太平洋A	0	0	0	0	0	51	51
合計		5	10	0	128	189	52	384
2012								
デンマーク：西グリーンランド	大西洋	5	10	0	0	148	3	163
デンマーク：東グリーンランド	大西洋	0	0	0	0	4	0	4
セントビンセント＆グラナディン	大西洋	0	2	0	0	0	0	2
ロシア	太平洋B	0	0	0	143	0	0	143
アメリカ合衆国	太平洋A	0	0	0	0	0	69	69
合計		5	12	0	118	195	76	406

国・地域名[※]	海域[※※]	ナガスクジラ	ザトウクジラ	イワシクジラ	コククジラ	ミンククジラ	ホッキョククジラ	合計
2013								
デンマーク：西グリーンランド	大西洋	9	8	0	0	175	0	192
デンマーク：東グリーンランド	大西洋	0	0	0	0	6	0	6
セントビンセント＆グラナディン	大西洋	0	4	0	0	0	0	4
ロシア	太平洋B	0	0	0	127	0	1	128
アメリカ合衆国	太平洋A	0	0	0	0	0	57	57
合計		9	12	0	127	181	58	387

[※] アメリカ合衆国はとくに記載のないかぎりアラスカ州を指す。
[※※] 太平洋Aはベーリング海／北極海，太平洋Bはチュクチ海／アナディール海，太平洋Cはビュフォート海，太平洋Dはオレゴン州沖。

科学許可による特別採捕統計(1986〜2013年)

IWC統計データ(http://www.iwcoffice.org/)より；2016年9月現在

漁期	国名※	海域	期間	ナガスクジラ	マッコウクジラ	イワシクジラ	ニタリクジラ	クロミンククジラ	ミンククジラ	合計
1986										
	アイスランド	大西洋	Jun-Sep86	76	0	40	0	0	0	116
	大韓民国	太平洋	Apr-Jul86	0	0	0	0	0	69	69
	合計			76	0	40	0	0	69	185
1987										
	アイスランド	大西洋	Jun-Sep87	80	0	20	0	0	0	100
	日本(pelagic)	南半球	Jan-Mar88	0	0	0	0	273	0	273
	合計			80	0	20	0	273	0	373
1988										
	アイスランド	大西洋	Jun-Aug88	68	0	10	0	0	0	78
	日本(pelagic)	南半球	Jan-Mar89	0	0	0	0	341	0	341
	ノルウェー(small type)	大西洋	8月-88	0	0	0	0	0	29	29
	合計			68	0	10	0	341	29	448
1989										
	アイスランド	大西洋	Jun-Jul89	68	0	0	0	0	0	68
	日本(pelagic)	南半球	Dec89-Feb90	0	0	0	0	330	0	330
	ノルウェー(small type)	大西洋	7月-89	0	0	0	0	0	17	17
	合計			68	0	0	0	330	17	415
1990										
	ノルウェー(small type)	大西洋	8月-90	0	0	0	0	0	5	5
	日本(pelagic)	南半球	Dec90-Mar91	0	0	0	0	327	0	327
	合計			0	0	0	0	327	5	332
1991										
	日本(pelagic)	南半球	Dec91-Mar92	0	0	0	0	288	0	288
1992										
	ノルウェー(small type)	大西洋	Jul-Aug92	0	0	0	0	0	95	95
	日本(pelagic)	南半球	Dec92-Mar93	0	0	0	0	330	0	330
	合計			0	0	0	0	330	95	425
1993										
	ノルウェー(small type)	大西洋	Apr-Sep93	0	0	0	0	0	69	69
	日本(pelagic)	南半球	Dec93-Mar94	0	0	0	0	330	0	330
	合計			0	0	0	0	330	69	399
1994										
	ノルウェー(small type)	大西洋	May-Sep94	0	0	0	0	0	74	74
	日本(pelagic)	太平洋	Jul-Sep94	0	0	0	0	0	74	74
	日本(pelagic)	南半球	Dec94-Mar95	0	0	0	0	330	0	330
	合計			0	0	0	0	330	148	478
1995										
	日本(pelagic)	太平洋	Jun-Aug95	0	0	0	0	0	100	100
	日本(pelagic)	南半球	Nov95-Mar96	0	0	0	0	440	0	440
	合計			0	0	0	0	440	100	540
1996										
	日本(pelagic)	太平洋	Jul-Sep96	0	0	0	0	0	77	77
	日本(pelagic)	南半球	Nov96-Mar97	0	0	0	0	440	0	440
	合計			0	0	0	0	440	77	517
1997										
	日本(pelagic)	太平洋	May-Jul97	0	0	0	0	0	100	100
	日本(pelagic)	南半球	Dec97-Mar98	0	0	0	0	438	0	438
	合計			0	0	0	0	438	100	538

漁期	国名※	海域	期間	ナガスクジラ	マッコウクジラ	イワシクジラ	ニタリクジラ	クロミンククジラ	ミンククジラ	合計
1998										
	日本(pelagic)	太平洋	May-Jun98	0	0	0	1	0	100	101
	日本(pelagic)	南半球	Jan-Mar99	0	0	0	0	389	0	389
	合計			0	0	0	1	389	100	490
1999										
	日本(pelagic)	太平洋	Jun-Jul99	0	0	0	0	0	100	100
	日本(pelagic)	南半球	Dec99-Mar00	0	0	0	0	439	0	439
	合計			0	0	0	0	439	100	539
2000										
	日本(pelagic)	太平洋	Aug-Sep00	0	5	0	43	0	40	88
	日本(pelagic)	南半球	Dec00-Mar01	0	0	0	0	440	0	440
	合計			0	5	0	43	440	40	528
2001										
	日本(pelagic)	太平洋	May-Aug 01	0	8	1	50	0	100	159
	日本(pelagic)	南半球	Nov01-Mar02	0	0	0	0	440	0	440
	合計			0	8	1	50	440	100	599
2002										
	日本(pelagic)	太平洋	Jul-Sep02	0	5	50	50	0	100	205
	日本(coastal)	太平洋	Sep-Oct02	0	0	0	0	0	50	50
	日本(pelagic)	南半球	Dec02-Mar03	0	0	0	0	440	0	440
	合計			0	5	50	50	440	150	695
2003										
	アイスランド	大西洋	Aug-Sep03	0	0	0	0	0	37	37
	日本(pelagic)	太平洋	May-Aug03	0	10	50	50	0	100	210
	日本(coastal)	太平洋	Apr-May03	0	0	0	0	0	50	50
	日本(pelagic)	南半球	Nov03-Mar04	0	0	0	0	440	0	440
	合計			0	10	50	50	440	187	737
2004										
	アイスランド	大西洋	June-July04	0	0	0	0	0	25	25
	日本(pelagic)	太平洋	June-Sept04	0	3	100	50	0	100	253
	日本(coastal)	太平洋	Sept-Oct04	0	0	0	0	0	60	60
	日本(pelagic)	南半球	Dec04-Mar05	0	0	0	0	440	0	440
	合計			0	3	100	50	440	185	778
2005										
	アイスランド	大西洋	July-Aug05	0	0	0	0	0	39	39
	日本(pelagic)	太平洋	May-Aug05	0	5	100	50	0	100	255
	日本(coastal)	太平洋	Apr-Oct05	0	0	0	0	0	120	120
	日本(pelagic)	南半球	Dec05-Mar06	10	0	0	0	853	0	863
	合計			10	5	100	50	853	259	1277
2006										
	アイスランド	大西洋	Jun-Aug06	0	0	0	0	0	60	60
	日本(pelagic)	太平洋	May-Aug06	0	6	100	50	0	100	256
	日本(coastal)	太平洋	Apr-Oct06	0	0	0	0	0	95	95
	日本(pelagic)	南半球	Dec06-Feb07	3	0	0	0	505	0	508
	合計			3	6	100	50	505	255	919
2007										
	アイスランド	大西洋	Apr-Sep07	0	0	0	0	0	39	39
	日本(pelagic)	太平洋	Apr-Oct07	0	3	100	50	0	100	253
	日本(coastal)	太平洋	May-Aug07	0	0	0	0	0	107	107
	日本(pelagic)	南半球	Dec07-Mar08	0	0	0	0	551	0	551
	合計			0	3	100	50	551	246	950

漁期	国名[※]	海域	期間	ナガス クジラ	マッコウ クジラ	イワシ クジラ	ニタリ クジラ	クロミン ククジラ	ミンク クジラ	合計
2008										
	日本（pelagic）	太平洋	Jun-Aug08	0	2	100	50	0	59	211
	日本（coastal）	太平洋	Apr-Oct08	0	0	0	0	0	110	110
	日本（pelagic）	南半球	Dec08-Mar09	1	0	0	0	679	0	680
	合計			1	2	100	50	679	169	1001
2009										
	日本（pelagic）	太平洋	May-Jul09	0	1	100	50	0	43	194
	日本（coastal）	太平洋	Apr-Oct09	0	0	0	0	0	119	119
	日本（pelagic）	南半球	Dec09-Mar10	1	0	0	0	506	0	507
	合計			1	1	100	50	506	162	820
2010										
	日本（pelagic）	太平洋	※※	0	3	100	50	0	171	324
	日本（coastal）	太平洋	※※	0	0	0	0	0	105	105
	日本（pelagic）	南半球	※※	2	0	0	0	170	0	172
	合計			2	3	100	50	170	276	601
2011										
	日本（pelagic）	太平洋	※※	0	1	96	50	49	0	196
	日本（coastal）	太平洋	※※	0	0	0	0	77	0	77
	日本（pelagic）	南半球	※※	1	0	0	0	0	266	267
	合計			1	1	96	50	126	266	540
2012										
	日本（pelagic）	太平洋	※※	0	3	100	34	74	0	211
	日本（coastal）	太平洋	※※	0	0	0	0	110	0	110
	日本（pelagic）	南半球	※※	0	0	0	0	0	103	103
	合計			0	3	100	34	184	103	424
2013										
	日本（pelagic）	太平洋	※※	0	1	100	27	3	0	132
	日本（coastal）	太平洋	※※	0	0	0	0	92	0	92
	日本（pelagic）	南半球	※※	0	0	0	0	0	252	252
	合計			20	1	100	27	95	252	476

[※] 国名の後の表記は，pelagicは沖合／遠洋海域，small typeはノルウェー沿岸海域，coastalは日本沿岸海域における調査を示す。

[※※] 2010年以降はウェブサイトに期間の記載がない。

商業捕鯨による近年の捕獲統計（1985/86〜2013年）

IWC統計データ（http://www.iwcoffice.org/）より；2016年9月現在

国名※	海域	マッコウクジラ	ナガスクジラ	ニタリクジラ	ミンククジラ	クロミンククジラ	合計
1985/86							
ソビエト社会主義共和国連邦(pelagic)	南半球	0	0	0	0	3,028	3,028
日本(pelagic)	南半球	0	0	0	0	1,941	1,941
合計		0	0	0	0	4,969	4,969
1986(86/87)							
ノルウェー(small type)	大西洋	0	0	0	379	0	379
日本(coastal)	太平洋	200	0	2	311	0	513
日本(小笠原諸島)	太平洋	0	0	315	0	0	315
ソビエト社会主義共和国連邦(pelagic)	南半球	0	0	0	0	3,028	3,028
日本(pelagic)	南半球	0	0	0	0	1,941	1,941
合計		200	0	317	690	4,969	6,176
1987							
ノルウェー(small type)	大西洋	0	0	0	373	0	373
日本(coastal)	太平洋	188	0	11	304	0	503
日本(小笠原諸島)	太平洋	0	0	306	0	0	306
合計		188	0	317	677	0	1,182
1993							
ノルウェー(small type)	大西洋	0	0	0	157	0	157
1994							
ノルウェー(small type)	大西洋	0	0	0	206	0	206
1995							
ノルウェー(small type)	大西洋	0	0	0	218	0	218
1996							
ノルウェー(small type)	大西洋	0	0	0	388	0	388
1997							
ノルウェー(small type)	大西洋	0	0	0	503	0	503
1998							
ノルウェー(small type)	大西洋	0	0	0	625	0	625
1999							
ノルウェー(small type)	大西洋	0	0	0	591	0	591
2000							
ノルウェー(small type)	大西洋	0	0	0	487	0	487
2001							
ノルウェー(small type)	大西洋	0	0	0	552	0	552
2002							
ノルウェー(small type)	大西洋	0	0	0	634	0	634
2003							
ノルウェー(small type)	大西洋	0	0	0	647	0	647
2004							
ノルウェー(small type)	大西洋	0	0	0	544	0	544
2005							
ノルウェー(small type)	大西洋	0	0	0	639	0	639
2006							
ノルウェー(small type)	大西洋	0	0	0	545	0	545
アイスランド	大西洋	0	7	0	1	0	8
合計		0	7	0	546	0	553

国名[※]	海域	マッコウクジラ	ナガスクジラ	ニタリクジラ	ミンククジラ	クロミンククジラ	合計
2007							
ノルウェー(small type)	大西洋	0	0	0	597	0	597
アイスランド	大西洋	0	0	0	6	0	6
合計		0	0	0	603	0	603
2008							
ノルウェー(small type)	大西洋	0	0	0	536	0	536
アイスランド	大西洋	0	0	0	38	0	38
合計		0	0	0	574	0	574
2009							
ノルウェー(small type)	大西洋	0	0	0	484	0	484
アイスランド	大西洋	0	125	0	81	0	206
合計		0	125	0	565	0	690
2010							
ノルウェー(small type)	大西洋	0	0	0	468	0	468
アイスランド	大西洋	0	148	0	60	0	208
合計		0	148	0	528	0	676
2011							
ノルウェー(small type)	大西洋	0	0	0	533	0	533
アイスランド	大西洋	0	0	0	58	0	58
合計		0	0	0	591	0	591
2012							
ノルウェー(small type)	大西洋	0	0	0	464	0	464
アイスランド	大西洋	0	0	0	52	0	52
合計		0	0	0	516	0	516
2013							
ノルウェー(small type)	大西洋	0	0	0	594	0	594
アイスランド	大西洋	0	134	0	35	0	169
合計		0	134	0	629	0	763

[※] 国名の後の表記は，pelagicは沖合／遠洋海域，small typeはノルウェー沿岸海域，coastalは日本沿岸海域における調査を示す。

小型鯨類漁業による近年の捕獲統計（2000〜2014年）

水産庁ホームページ（http://www.jfa.maff.go.jp/j/whale/）より

年度	ツチクジラ	タッパナガ	マゴンドウ	ハナゴンドウ	オキゴンドウ	ハンドウイルカ	スジイルカ	マダライルカ	イシイルカ	リクゼンイルカ	カマイルカ※
2000											
小型捕鯨業	62	50	58	20	−	−	−	−	−	−	
突棒漁業	−	−	89	119	8	87	65	12	7,513	8,658	
追い込み漁業	−	−	109	367	−	1,271	235	27	−	−	
2001											
小型捕鯨業	62	47	40	17	−	−	−	−	−	−	
突棒漁業	−	−	92	107	8	52	66	10	8,430	8,220	
追い込み漁業	−	−	210	350	18	195	418	−	−	−	
2002											
小型捕鯨業	62	47	36	12	−	−	−	−	−	−	
突棒漁業	−	−	38	154	−	41	77	18	7,614	8,335	
追い込み漁業	−	−	55	220	7	688	565	400	−	−	
2003											
小型捕鯨業	62	42	27	19	−	−	−	−	−	−	
突棒漁業	−	−	55	168	4	59	68	30	8,308	7,412	
追い込み漁業	−	−	36	186	12	105	382	102	−	−	
2004											
小型捕鯨業	62	13	29	7	−	−	−	−	−	−	
突棒漁業	−	−	72	60	−	53	83	2	4,614	9,175	
追い込み漁業	−	−	62	437	−	475	554	−	−	−	
2005											
小型捕鯨業	66	22	24	8	−	−	−	−	−	−	
突棒漁業	−	−	90	46	1	76	60	13	6,880	7,784	
追い込み漁業	−	−	40	340	−	285	397	−	−	−	
2006											
小型捕鯨業	63	7	10	7	−	−	−	−	−	−	
突棒漁業	−	−	56	105	5	87	36	5	4,212	7,802	
追い込み漁業	−	−	198	232	30	285	479	400	−	−	
2007											
小型捕鯨業	67	−	16	20	−	−	−	−	−	−	
突棒漁業	−	−	79	185	4	101	86	16	4,070	7,287	
追い込み漁業	−	−	243	312	−	300	384	−	−	−	
2008年											
小型捕鯨業	64	−	20	−	−	−	−	−	−	−	−
突棒漁業	−	−	62	122	5	94	65	−	2,594	4,632	21
追い込み漁業	−	−	99	216	−	297	535	329	−	−	−
2009年											
小型捕鯨業	67	−	22	−	−	−	−	−	−	−	−
突棒漁業	−	−	54	94	1	81	98	3	1,773	7,767	7
追い込み漁業	−	−	219	336	−	352	321	−	−	−	14
2010年											
小型捕鯨業	66	−	10	126	−	−	−	−	−	−	−
突棒漁業	−	−	34	271	−	39	100	7	1,256	3,663	−
追い込み漁業	−	−	−	−	−	395	458	125	−	−	27

年度	ツチクジラ	タッパナガ	マゴンドウ	ハナゴンドウ	オキゴンドウ	ハンドウイルカ	スジイルカ	マダライルカ	イシイルカ	リクゼンイルカ	カマイルカ※
2011年											
小型捕鯨業	61	—	—	—	—	—	—	—	—	—	—
突棒漁業	—	—	46	104	3	43	96	2	89	1,863	—
追い込み漁業	—	—	74	273	17	76	406	106	—	—	24
2012年											
小型捕鯨業	71	—	16	—	—	—	—	—	—	—	—
突棒漁業	—	—	25	52	—	76	94	12	29	376	2508
追い込み漁業	—	—	172	188	—	186	458	98	—	—	2
2013年											
小型捕鯨業	62	—	10	—	1	—	—	—	—	—	—
突棒漁業	—	—	47	38	—	71	67	4	95	1,198	39
追い込み漁業	—	—	88	298	—	190	498	126	—	—	—
2014年											
小型捕鯨業	70	—	3	—	3	—	—	—	—	—	—
突棒漁業	—	—	41	103	—	35	63	18	16	1,620	—
追い込み漁業	—	—	18	260	—	172	367	145	—	—	—

※ 水産庁は2006年12月にカマイルカを新たにいるか漁業対象種として追加し，2007年に捕獲枠の配分を行った。

鯨種判別ポイント

(日本鯨類研究所調査部資料；加藤（1990, 1994）より）

	マッコウクジラ	ツチクジラ	ミンククジラ	ニタリクジラ	ナガスクジラ	ザトウクジラ
体長（成体）	雄16m弱 雌約11m	約11～12m	約8m	約13m	約20m	約13m
噴気	ブローの高さ4～5m前後 噴気は左斜め前方に上がる 正面から見たときの噴気	ブローの高さ2～3m前後 低くて丸い噴気	ブローの高さ5m前後 垂直に伸びる柱状	ブローの高さ10m前後 水中で息を吐くことがあるその場合気泡のリングが残ることがあり、ブローは見えないか、薄く小さいブローになる 垂直円錐形でしっかりとした勢いがあり、濃い	ブローの高さ13～15m前後 やや逆円錐形で垂直に伸びる柱状	ブローの高さは10m前後 ブローは垂直に伸びる柱状であるが、周辺に幅広く拡散するため、遠距離では幅の広いブローに見えることが多い 形状、高さともにさまざまな場合合あり
どのように見えるか	丸太のような形状 ごぶごぶしてさらに数個の小さいこぶが続く 深く潜るときも背びれの後方が見える 複数頭が集まると潜るとき背びれが見える	背側部は丸みを帯びてみえる 頭部が白く見える 通常、数頭の群で7～8頭の群 1頭でいるのはまれ	背びれ位置は体長の前から2/3 体側に不明瞭な白暗斑 背びれは体に対して小さい	背びれは体長の前から2/3 背びれは先端方向に垂れんばかりにさきがる	背びれが白色 背びれ位置は体長の前から2/3 長大で幅広い 頭頂部は長大で上面が平坦 重い	長大で胸びれ、幅広な特徴的な尾びれなど、判定要素が多様な特徴を多くもつ 背中の台状隆起が特徴的である
背びれ			先端尖る 湾入深い	先端尖る 湾入深い	先端やや鋭い 湾入浅いタイプと深いタイプの2型あり	先端鉤状が多い
頭部の特徴	背びれはこぶ状の隆起で、後部にさらに数個の小さいこぶが続く	特徴的な丸い頭部 長い口ばし	吻端はひじょうに尖っている 頭長は短く、中央稜線は鼻孔付近から吻端に向かって傾斜しており、頭部全体がとがった三角錐のような形状 上顎骨の横断面は稜線を頂点に、左右に向かって屋根のように傾斜している ナガスクジラ科の他種は、平坦か吻端から頭頂部が高く隆起している	吻端はやや尖り 基底長：高さの比率でII図2型あり 明瞭な主稜線の左右に、高さのやや低い2本の副稜線をもつ 主稜線は吻端まで届くが、副稜線付近は中央の平坦	吻端は丸みを帯び 前方に向かうにつれて次第に低くなり明瞭な稜線となり、吻端までは届かず 明瞭な稜線が1本	吻端は丸くU字型にちかい 吻端および上顎骨の上面にあり、吻端は上唇周辺から回りこんだ突起多数 頭部および上顎上面に突起多数
体色の特徴	体の後半の皮膚はしわ状の凹凸になっている 体色は全身黒褐色、濃い灰色	体色は濃い青灰色か暗褐色が多い	胸びれ中央に明瞭な白色帯	単純な暗灰色 ニタリクジラのほうが体長にツルマサメの湾み傷などが一概にいない	右下顎が白色	胸びれ下面の白色が前縁から一直に黒まで個体により変異 体側後半部は体色腹側から回り込むことが多い

資料貼付欄
配布したプリントなどの資料を貼付してください。

資料貼付欄
配布したプリントなどの資料を貼付してください。

資料貼付欄
配布したプリントなどの資料を貼付してください。

資料貼付欄

配布したプリントなどの資料を貼付してください。

資料貼付欄

配布したプリントなどの資料を貼付してください。

資料貼付欄

配布したプリントなどの資料を貼付してください。

資料貼付欄

配布したプリントなどの資料を貼付してください。

資料貼付欄
配布したプリントなどの資料を貼付してください。

資料貼付欄

配布したプリントなどの資料を貼付してください。

資料貼付欄

配布したプリントなどの資料を貼付してください。

資料貼付欄

配布したプリントなどの資料を貼付してください。

❋ 著者紹介 ❋

❋ 加藤 秀弘（かとう ひでひろ）

国立大学法人東京海洋大学学術研究院海洋環境部門 教授（鯨類学研究室）

1952年生まれ。神奈川県出身。北海道大学水産学部卒業後，同大学院水産学研究科，旧(財)鯨類研究所，水産庁遠洋水産研究所鯨類生態研究室長等を経て，2005年8月より現職。シロナガスクジラ等大型鯨類の資源生態学を専門とし，とくに環境変動に伴う鯨類の生活史変動と個体群調節機能の解明に取り組んでいる。クロミンククジラ（南氷洋産）の個体群動態研究で平成11年度科学技術庁長官賞（現 文部科学省大臣賞；研究功績）受賞。水産学博士。IWC（国際捕鯨委員会）科学委員会委員。主な著書に『ニタリクジラの自然誌』（平凡社, 2000；第11回高知出版学術賞受賞），『マッコウクジラの自然誌』（平凡社, 1995），『鯨類資源の研究と管理』（恒星社厚生閣, 1991），『鯨類生態学読本』（生物研究社, 2006），『日本の哺乳類学 ③水生哺乳類』（東京大学出版会, 2008）など。ほか科学論文多数。最近ではSF小説「鯨の王」（藤崎慎吾 著，文藝春秋, 2007）の主人公鯨類学者須藤秀弘のモデルとなった。

❋ 中村 玄（なかむら げん）

国立大学法人東京海洋大学学術研究院海洋環境学部門 テニュアトラック助教（鯨類学研究室）

1983年大阪生まれ。2007年東京水産大学（現：東京海洋大学）資源育成学科卒業, 2012年東京海洋大学大学院博士後期課程応用環境システム学専攻修了（博士（海洋科学））。その後（一財）日本鯨類研究所 研究員を経て，2014年より現職。鯨類の骨格や形態に関する研究を行っている。

専門は鯨類の形態，とくにナガスクジラ科鯨類の骨格。博士学位論文では主にミンククジラ，ドワーフミンククジラ，クロミンククジラを対象とした頭骨形態の研究を行う。

❋ 服部 薫（はっとり かおる）

国立研究開発法人水産研究・教育機構北海道区水産研究所 主任研究員

1974年岡山生まれ。1999年北海道大学獣医学部獣医学科卒業, 2003年同大学院獣医学研究科獣医学専攻博士課程修了（博士（獣医学））。日本エヌ・ユー・エス(株)嘱託社員などを経て現職。トドなど鰭脚類の資源生態学専門。大学院時代には国内では珍しいラッコの生態を研究。PICES（北太平洋海洋科学機関）海鳥・海獣部門委員，同生物海洋学委員。

鯨類海産哺乳類学［第三版］（げいるいかいさん ほにゅうるいがく）

2016年10月 7日　第1刷発行
2022年 9月30日　第3刷発行

著　者　　加藤 秀弘・中村 玄・服部 薫
　　　　　（かとう ひでひろ　なかむら げん　はっとり かおる）
発行所　　株式会社 生物研究社
　　　　　〒108-0073　東京都港区三田2-13-9-201
　　　　　電話　(03) 6435-1263
　　　　　Fax 　(03) 6435-1264
印刷・製本　株式会社エデュプレス

落丁本・乱丁本は，小社宛にお送りください。
送料小社負担にてお取り替えいたします。
© Hidehiro Kato, Gen Nakamura, Kaoru Hattori, 2016
注：本書の無断複写（コピー）はお断りします。
Printed in Japan
ISBN978-4-915342-75-2 C3045

_____年 ____月 ____日　**10**	_____年 ____月 ____日　**15**
今回のテーマ _____	今回のテーマ _____
学科 _____ 学籍番号 _____	学科 _____ 学籍番号 _____
氏名 _____	氏名 _____
感想	感想

_____年 ____月 ____日　**11**	_____年 ____月 ____日　**16**
今回のテーマ _____	今回のテーマ _____
学科 _____ 学籍番号 _____	学科 _____ 学籍番号 _____
氏名 _____	氏名 _____
感想	感想

_____年 ____月 ____日　**12**	_____年 ____月 ____日　**17**
今回のテーマ _____	今回のテーマ _____
学科 _____ 学籍番号 _____	学科 _____ 学籍番号 _____
氏名 _____	氏名 _____
感想	感想

_____年 ____月 ____日　**13**	_____年 ____月 ____日　**18**
今回のテーマ _____	今回のテーマ _____
学科 _____ 学籍番号 _____	学科 _____ 学籍番号 _____
氏名 _____	氏名 _____
感想	感想

_____年 ____月 ____日　**14**	_____年 ____月 ____日　**19**
今回のテーマ _____	今回のテーマ _____
学科 _____ 学籍番号 _____	学科 _____ 学籍番号 _____
氏名 _____	氏名 _____
感想	感想

出席票

点線で切りとって，必要事項を記入したものを各授業時に提出してください（コピー不可）。

1
_____ 年 _____ 月 _____ 日
今回のテーマ _____
学科 _____ 学籍番号 _____
氏名 _____
感想

2
_____ 年 _____ 月 _____ 日
今回のテーマ _____
学科 _____ 学籍番号 _____
氏名 _____
感想

3
_____ 年 _____ 月 _____ 日
今回のテーマ _____
学科 _____ 学籍番号 _____
氏名 _____
感想

4
_____ 年 _____ 月 _____ 日
今回のテーマ _____
学科 _____ 学籍番号 _____
氏名 _____
感想

5
_____ 年 _____ 月 _____ 日
今回のテーマ _____
学科 _____ 学籍番号 _____
氏名 _____
感想

6
_____ 年 _____ 月 _____ 日
今回のテーマ _____
学科 _____ 学籍番号 _____
氏名 _____
感想

7
_____ 年 _____ 月 _____ 日
今回のテーマ _____
学科 _____ 学籍番号 _____
氏名 _____
感想

8
_____ 年 _____ 月 _____ 日
今回のテーマ _____
学科 _____ 学籍番号 _____
氏名 _____
感想

9
_____ 年 _____ 月 _____ 日
今回のテーマ _____
学科 _____ 学籍番号 _____
氏名 _____
感想